魏世杰爷爷讲故事
奇趣天空

魏世杰 著

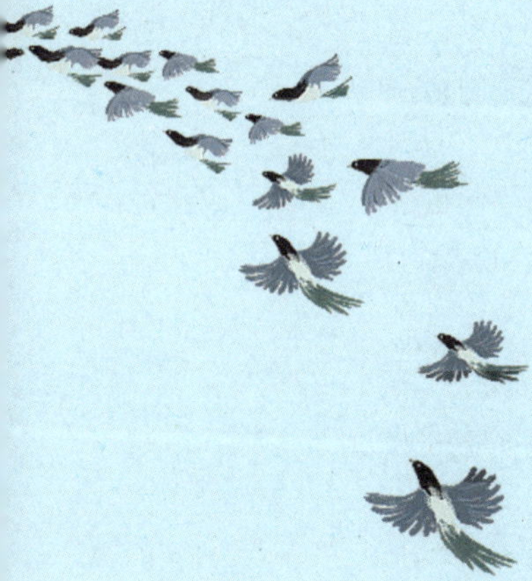

热爱科学
走向未来

魏世杰

电子工业出版社
Publishing House of Electronics Industry
北京·BEIJING

未经许可，不得以任何方式复制或抄袭本书之部分或全部内容。
版权所有，侵权必究。

图书在版编目（CIP）数据

奇趣天空 / 魏世杰著. -- 北京：电子工业出版社，
2025. 4. -- ISBN 978-7-121-49996-8
Ⅰ．P159-49
中国国家版本馆 CIP 数据核字第 20253UD728 号

责任编辑：吴宏丽　　文字编辑：马杰
印　　刷：中煤（北京）印务有限公司
装　　订：中煤（北京）印务有限公司
出版发行：电子工业出版社
　　　　　北京市海淀区万寿路 173 信箱　邮编：100036
开　　本：720×1000　1/16　印张：8　字数：153.6 千字
版　　次：2025 年 4 月第 1 版
印　　次：2025 年 4 月第 1 次印刷
定　　价：39.80 元

凡所购买电子工业出版社图书有缺损问题，请向购买书店调换。若书店售缺，请与本社发行部联系，联系及邮购电话：（010）88254888，88258888。
质量投诉请发邮件至 zlts@phei.com.cn，盗版侵权举报请发邮件至 dbqq@phei.com.cn。
本书咨询联系方式：（0532）67772605，majie@phei.com.cn。

编辑寄语

"两弹一星"核武老人魏世杰爷爷今年已84岁高龄,他的一生堪称传奇。作为科研专家,他将前半生的26年奉献给了核武器研究,多项成果荣获国家奖励;后半生则投身科普创作,笔耕不辍,屡获国家科普大奖。如今,电子工业出版社与魏世杰爷爷携手,精选其最优秀的科普作品,隆重推出"魏世杰爷爷讲故事"丛书。这套丛书共8册,涵盖天空、海洋、自然、航空、航天、原子、科幻、百科等领域,堪称一部适合少年儿童阅读的小百科全书。

2025年初,丛书中的《原子之谜》和《奇趣自然》率先面世,不到一周销量便突破2万册,足见读者对这套图书的喜爱。许多读者纷纷留言,期待其余各册尽快出版,以满足孩子们对科学知识的渴望。

科学普及是全社会共同关注的话题。著名科普作家叶永烈先生曾形象地比喻,科普作家的职责就像输电线路中的变压器。科学研究的论文和学术专著往往深奥难懂,如同"高压电",难以被普通百姓接受;而科普作家通过通俗易懂的语言，将其转化为"低压电"，使其走进千家万户。魏世杰爷爷正是这样一位杰出的"变压器"。

这套丛书的最大特色，在于寓科学于故事之中。故事是科普的最佳载体，尤其对青少年而言更是如此。阅读魏爷爷的故事，绝不会感到枯燥乏味。他以生动的语言讲述跌宕起伏的情节，设置引人入胜的悬念，令人爱不释手。他的作品"假小说之能力，披优孟之衣冠"，让读者在不知不觉中"获一斑之智识"，从而对科学产生浓厚兴趣，萌发走进科学殿堂的强烈愿望。

叶永烈先生曾称赞魏世杰的科普作品为"中国科普园中一丛独具特色的鲜花"。这些作品中，有多篇入选大中小学语文阅读课本，甚至成为高考语文模拟试卷的阅读材料。

这套丛书不仅是知识传递的载体，更将科学探索的精神与科学史的宏大叙事融为一体，弘扬了人类在科学探索过程中实事求是的态度，以及不畏艰险、勇于攀登的大无畏精神。这对青少年的身心成长和人格培养具有重要意义。正如魏世杰爷爷所言："真正的科学探索，是星辰大海的仰望与脚下荆棘的共生。"

翻开这套丛书，小朋友们将开启的不仅是一段科学认知之旅，更是一次与共和国科技拓荒者的灵魂对话。愿这些文字如星辰指引航向，如原子激发能量，让科学之光照亮更多探索者的前行之路。

目录

神秘的星空 美丽的传说 / 001

大熊座和小熊座的故事 / 002

狮子座的故事 / 008

猎户座和大犬座的故事 / 014

牛郎星和织女星的传说 / 019

月球的秘密 / 025

伽利略和"光管"的故事 / 026

天狗把月亮吃掉了 / 032

从月球上取回的珍宝 / 038

辉煌的太阳 / 043

两小孩辩日 / 044

奇妙的"太阳风" / 049

太阳上的"氢弹"爆炸了 / 052

太阳耀斑爆发引起通信中断 / 059

太阳家族的行星 / 065

揭开金星神秘的面纱 / 066

火星能否成为下一个家园 / 071

木星上的大红斑是什么 / 077

用笔尖发现了遥远的行星 / 082

不速之客 / 087

生病的皇帝和带"毛发"的星星 / 088

灿烂的"烟火" / 093

茫茫银河 / 099

从张衡数星星的故事说起 / 100

恒星的"诞生"和"死亡" / 107

宇宙大爆炸的故事 / 112

三棱镜引起的故事 / 117

神秘的星空 美丽的传说

夏天的夜晚，当你在院子里乘凉仰望满天闪烁的星星时，脑子里一定会产生一连串的问号：星星是什么东西呢？它们为什么会闪烁呢？它们离我们很远吗？星星上有人居住吗？我们能不能到星星上去旅行呢？……

星空是美丽的。如果你发挥想象力，把一些较亮的星星用线连起来，可以组成各种各样的图案：这一群星星好像一头咆哮的大狮子，那一群星星组成一只迈步行走的笨头笨脑的熊，还有的像牛、像羊、像一只翘起毒尾巴的蝎子，或像一只展翅高飞的老鹰……

这些由星星组成的图案被称为"星座"，如狮子座、大熊座等。

现代天文学将天空划分为 88 个星座，这些星座覆盖了整个天空。关于这些星座，自古以来流传着许多神奇美妙的故事，让我慢慢讲给你听吧。

大熊座和小熊座的故事

家喻户晓的北斗星，是由七颗明亮的星星组成的。这七颗星在北面的天空中分布成斗（或勺）形，所以我们中国人称其为"北斗星"或"勺子星"。用直线把勺形边上的两颗星连接起来向勺口方向延伸至约5倍长度处，可找到北极星。北极星是古代航海人判断方向的重要标志，因为它总是在正北方。

希腊人把北斗七星及其周围一些较亮的星星组成的图案看作一头大熊，而把北极星和它附近的一些星星组成的图案看作一头小熊。

据说，最早统治着世界的是一群被称为"泰坦神族"的巨人，这些巨人可厉害了。他们有的长着一百只手，有的长着三只眼。他们的身高有几十米，像高楼一样。他们说起话来像打雷，震得树上的叶子哗哗地下落。他们的力气大极了，大手一挥，一座小山就骨碌碌滚到大海里去了。

泰坦神族的头儿名叫克洛诺斯，他从小就暴躁多疑。有一次他和父亲吵架，一怒之下抄起一把大镰刀，砍得父亲血流满面。他的父亲知道和他在一起不会有好下场，便决定离开他。临走时他父亲留下了一句话："你赶走了我，将来你的儿子必定会赶走你。你就等着瞧吧！"

这句话深深地印在克洛诺斯的脑子里。

他决定不要儿子。每当他的妻子分娩时，他就恶狠狠地等在产房门外，听到婴儿的哭声就冲进去，双手抓起婴儿扔进自己张开的大口中，然后嘴一闭，就把婴儿吞进肚子里了。

他就这样吞掉了五个儿子。

他的妻子非常生气，但一时又想不出办法。在生第六个孩子时，她终于想出了一个办法。她事先准备了一块大石头，包上婴儿的小被子，然后把石头放到摇篮里。

克洛诺斯上当了。这一次他吞进去的不是婴儿，而是一块大石头。他肚子疼得满地打滚。开始时，他还大喊大叫，后来声音越来越小，最后终于闭上了眼睛。

这第六个孩子被保了下来，他就是后来统治着整个天空的伟大天神——宙斯。

宙斯的宫殿在希腊北部的一座高山上，那山名叫奥林匹斯山，高近3000米。

宙斯的性情和他的父亲完全不同。他热爱自然，温柔多情。虽然贵为天神，他却不愿意住在富丽堂皇的宫殿里作威作福，一有机会就溜到地面上，在繁茂的花草树木间尽情游玩。

> 有一天，宙斯在一座美丽的半岛上遇到了一位美丽的姑娘，并立刻爱上了她。

姑娘名叫嘉丽丝多，是山川草木的精灵。她的身上有山石般的奇秀多姿，有溪水般的清丽欢快，有百花般的鲜艳和芳香，可爱又迷人。宙斯和她一起在草地上跳舞，在大海里游泳，在森林里捉迷藏，在山顶上唱歌，高兴极了。

不久，嘉丽丝多为宙斯生下了一个儿子，取名阿卡斯。

这件事被天后赫拉发现了。赫拉是宙斯的合法妻子，虽然宙斯并不爱她，但她却有极大的权威。另外，赫拉的嫉妒心之大是很有名的。

一天，赫拉突然出现在嘉丽丝多面前。嘉丽丝多害怕极了，她战战兢兢地跪在地上，请求天后宽恕。

赫拉听不进去，怒气冲冲地朝嘉丽丝多吹了一口气，念了一句咒语。这时，只见美丽姑娘那洁白细腻的皮肤立刻变粗糙了，还长出许多长毛；小巧红润的嘴变成又长又难看的熊嘴；纤细的手指变成尖利的爪子；银铃般的声音变成了粗浊的熊叫声。赫拉把嘉丽丝多变成了一只大熊。

变成熊的嘉丽丝多从此每天在茫茫的森林里寂寞地徘徊着。

嘉丽丝多最担心的并不是自己，她时时刻刻挂念着自己的儿子：狠毒的天后会怎样对待这个孩子呢？他现在在哪里呢？她走过许多地方，却没有发现儿子的踪迹。

一转眼，若干年过去了。

一天，嘉丽丝多正在一条小溪旁喝水，忽然看到丛林里走出一个年轻的猎手。他身背弓箭，手持长枪，十分英俊。

"阿卡斯！"

嘉丽丝多一眼就认出了，猎手就是自己的儿子。她激动地大叫一声，越过小溪，朝那猎手奔去。

可是，阿卡斯并没有想到这熊就是自己的母亲。当大熊咆哮着扑过来时，他立刻举起手中的长枪，做好了誓死一搏的准备。

就在这危急时刻，刮起了一阵大风，把阿卡斯和那只大熊一起刮上了天空。宙斯为避免悲剧发生，将阿卡斯变

奇趣天空

为小熊，使其母子相伴。

这阵风是怎么来的呢？

这是天神宙斯施的法术。宙斯不能容忍儿子杀害自己的母亲，也不愿意看到嘉丽丝多继续在森林里受苦受难。宙斯不顾天后的反对，把他们升到天上，使他们成为受人尊崇的星座。

这就是大熊座和小熊座的由来。

这两个星座在天上的位置很特别，不管春夏秋冬，从日落到天明，人们总可以看到它们。这大概是天神宙斯有意安排的吧！

构成这两个星座的星星的相互位置似乎是永恒不变的，人们叫它们恒星。每一颗恒星都是一个"太阳"。

这怎么可能呢？太阳那么伟大、那么光辉灿烂，而星星那么渺小，只是一个小光点。

这是因为它们离我们太远了。

离我们最近的恒星是半人马座的比邻星，距离地球4.24光年。

光年是什么意思呢？光年是天文学的长度单位，即光线在一年内走过的距离。光的速度约为30万千米/秒。光每秒钟可绕地球走7圈半，那4年多能走多远就可想而知了。

狮子座的故事

春天的夜晚,南方天空中有一颗很亮的星,古代中国人称它为"轩辕十四",也称它为"帝王之星",航海的人们常用它来确定方向。古希腊人则把它和周围的一些星星组成的星座看作一只凶猛的"大狮子"。

这头蹲伏在天上的"大狮子",头在西方,尾在东方。其中最亮的星,即"轩辕十四"。

古希腊关于狮子座的故事很有趣。

天神宙斯还有一个儿子,名叫赫拉克勒斯,他是一位有名的勇士。

赫拉克勒斯一生下来就受到天后赫拉的迫害,因为他也不是赫拉亲生的儿子。

一天,赫拉克勒斯在摇篮里睡觉,两条毒蛇悄悄向他爬去。当毒蛇伸出分叉的舌头、露出毒牙要咬赫拉克勒斯那细嫩的皮肤时,他却醒来了。

真不愧为天神的儿子！幼小的赫拉克勒斯竟毫不畏惧，果断地伸出两只小手，一手一个，掐住了毒蛇的头，用力一捏，就把毒蛇捏死了。

毒蛇是赫拉派来的。赫拉没有想到，一个小小的婴儿居然会有这么大的力气。从此她更加嫉恨赫拉克勒斯，千方百计地要害死他。

赫拉克勒斯渐渐长大，宙斯要封他为神却遭到了天后的反对。"这不合适吧！他还没有建立什么功勋呢！"

宙斯点点头，却又说："他还是个孩子，你能要他干什么呢？"

天后的眼珠子转了几转，说："陛下还不知道吧？就在您神殿后面的树林里，最近出现了一只大狮子，它经常下山吞食牛羊、残害百姓，让赫拉克勒斯把它打死吧！"

宙斯有点犹豫，但还是答应了。

天后阴险地笑了。她知道这一次赫拉克勒斯必死无疑，因为那只狮子是半人半蛇的怪物生下的一个妖怪，凶狠无比，无人能够战胜它。

赫拉克勒斯接到宙斯的命令，二话没说，背上弓箭就出发了。

他来到山下，看到村庄里冷冷清清，家家关门闭户。他好不容易才找到一位老人，便向他打听狮子的住处。老人一听吓得瑟瑟发抖，连忙摆手说："别问了，快逃命吧！那家伙说来就来，村里的人和牛羊都快被它吃光了，太可怕了！"

赫拉克勒斯听了微微一笑，继续向前走去。他在途中看到一棵橄榄树，长得疙疙瘩瘩，就把它折断了，做成一根木棒拿在手里。

当赫拉克勒斯找到狮子的洞穴时，太阳已经落山了。赫拉克勒斯藏在洞穴旁边的草丛里，搭好弓箭，等着狮子出来。此时，狮子还在睡觉，从洞里传出呼噜呼噜的鼾声。

月亮升起来了，狮子出来了。它头上的长毛沾满了鲜血，嘴上也血迹斑斑。它大吼一声，地动山摇。赫拉克勒斯不敢怠慢，拉满弓一放，一支硬箭便呼啸着飞了过去。

箭被狮子的皮肤弹了回来；再射一箭，又弹了回来。赫拉克勒斯见势不妙，丢下弓箭，拿起木棒冲了出去。那狮子也发现了赫拉克勒斯，凶猛地向他扑来。狮子用两只前爪把赫拉克勒斯按住，张开了血盆大口。

狮子座的故事

赫拉克勒斯的双手还能活动。他挥起带着疙瘩的木棒，一下子打掉了狮子的两颗门牙。狮子疼得跳了起来。赫拉克勒斯趁势站起来，对准狮子的头，一阵乱棒打去。狮子被打蒙了，连连后退。然而就在这时，木棒突然断了。狮子抖了抖鬃毛，咆哮一声，再次向赫拉克勒斯扑来。

赫拉克勒斯扔掉了那半截木棒，向后退了一步。狮子再次扑来，张开大口，舌头舔到了赫拉克勒斯的头发，嘴里吐出的血腥气让赫拉克勒斯喘不过气来。

就在这危急时刻，赫拉克勒斯并没有慌乱。他纵身一跳，抓住狮子的鬃毛，腿一抬，骑到了狮子的背上。他用有力的臂膀紧紧卡着狮子的喉咙。

狮子暴躁起来，翻滚跳跃。赫拉克勒斯的全身都摔伤了，鲜血不断涌出，但他咬紧牙关坚持着，狮子终于被他卡得断了气。

此刻，赫拉克勒斯也已筋疲力尽。他躺在狮子旁边，昏迷了好久才苏醒过来。他艰难地爬起来，踢了那狮子一脚，露出了胜利者的笑容。

这一切都被天神宙斯看到了。宙斯很高兴，要封赫拉克勒斯为武仙。这时天后赫拉又说话了：

"打死一个野兽就封赏，未免也太简单了，别人也会瞧不起他的。依我看，先把这头狮子升到天上作为星座，算是一个纪念吧！"

这就是狮子座的来历。赫拉后来又多次设计陷害赫拉克勒斯，但都没有得逞。赫拉克勒斯一生共完成 12 件大事，最终升天为武仙座。而狮子座则是他击败猛狮的纪念。

可怕的狮子变成了星座，不可能再吃人了，但发生在狮子座的天文现象——流星雨，还真是令人惊心动魄。

欣赏夜空时，你经常会看到一道亮线在空中划过，那就是流星。

猎户座和大犬座的故事

你知道天上的星星哪一颗最亮吗?

答案是天狼星。寒冷的冬天,每当太阳刚刚藏到西山后边,天狼星便会引人注目地从东方升起来。而在夏天,它却在黎明之前出现在东方。

古埃及人很讨厌这颗天狼星,认为它会带来灾难。每年夏天,尼罗河都要泛滥一次,淹没房屋和土地。天狼星在东方出现之日,正是可怕的洪水即将来临之时。古代中国人也把天狼星看成灾祸之星。

古希腊人却不这样看。他们把天狼星和它附近的一些星星组成的图案看作一条"大狗",称其为大犬座。这是一个很大的星座,天狼星刚好在狗嘴的位置上。

这条狗可不是一般的狗,它是英勇的猎人俄里翁的爱犬。

俄里翁是海神的儿子,也是天神宙斯的侄儿,长得英俊魁伟。他腰间紧束着闪闪发光的皮带,皮带上挂着一把珠光四射的宝刀。

俄里翁喜欢打猎。他有一条猎狗，名叫西里乌斯。

西里乌斯与俄里翁朝夕相伴。俄里翁打猎时，它不畏艰险，为主人寻找猎物；俄里翁射中了猎物，不管是深山峡谷，还是湍急的河流，它都会千方百计地把猎物找回来，从不偷吃一口；晚上，俄里翁睡觉时，它会整夜地在他附近巡逻，保卫着他的安全。

当然，俄里翁也很爱自己的西里乌斯，有好吃的东西，必先给它一份。

这一天，俄里翁追赶猎物来到大海边。太阳烤得人炙热难耐，俄里翁便解下刀箭，跳进了大海，西里乌斯则在岸上看守着衣物。

俄里翁尽情地在海里游来游去，但没想到此时危险正在向他逼近。

太阳神阿波罗发现了他。原来，阿波罗的妹妹月亮女神爱上了猎人俄里翁，两个人情投意合。阿波罗多次规劝妹妹，叫她不要忘了自己的高贵身份，赶快离开这个粗野的猎人，可是月亮女神听不进去。

为了不让妹妹做出损害日月光辉的事，阿波罗早就想除掉俄里翁。今天，机会终于来了。

阿波罗把月亮女神找来了，对她说：

"妹妹，听说你的箭法很有进步，可以百发百中，是真的吗？"

月亮女神微笑了一下，说："你若不信，不妨当场一试。"

于是，阿波罗领着月亮女神来到海边上空的云朵上，指着海里的一个小黑点，说：

"你要是射中那个黑点，我就服你。"

"那黑点是什么呢？"

"大概是条鲨鱼吧！"

月亮女神上当了。她一箭射去，黑点不见了，同时从海边传来一阵发狂似的狗吠声。她听出这是西里乌斯的声音。

月亮女神大吃一惊，急忙从云中飘了下来。

当她来到海边时，西里乌斯已经把俄里翁拖到了岸上，俄里翁的头上还插着她射出的那支利箭。月亮女神看到这一情景，禁不住放声大哭起来。

月亮女神把心爱的人安葬在面对大海的山坡上，把自己的弓箭也埋在里面，发誓从此不再射箭。悲痛的月亮女神要把西里乌斯带走，却无法实现。

西里乌斯一动不动地守候在主人的墓前。

一个月后，一直不吃不喝的西里乌斯变成了一块大石头，石头的样子仍然像一只威风凛凛的大猎狗，它蹲在墓

前为主人俄里翁站岗放哨。

月亮女神为自己的过失后悔不已,也被西里乌斯的忠诚所感动。她恳求天神宙斯,把俄里翁和猎狗西里乌斯提升到天上去,让他们和群星一起永放灿烂的光辉。宙斯接受了她的要求,从此就有了有名的猎户座和大犬座。

组成猎户座的星星很多,最著名的是参宿三星,"参宿"为中国传统星宿名,包含三颗星,民间俗称"三星"。这三颗星排成一线,构成猎户座闪闪发光的"腰带"。在我国春节前后的傍晚时分,猎户座的三星刚好升到正南方的天空,所以有一句俗话叫"三星高照年来到"。

大犬座的天狼星是一颗很有趣的星。德国一位天文学家发现,天狼星的运动轨迹很古怪,它不像别的恒星那样规规矩矩地走直路,却像一个醉汉,东一倒,西一歪,走着一条曲折的路。

这是怎么回事呢?这位天文学家认为,天狼星的旁边可能有一颗人们还没有发现的暗星,这颗暗星吸引着天狼星,让它的运动轨迹变成了折线形。十几年后,人们真的发现了这颗星,它的亮度只有天狼星亮度的万分之一,没有特别好的天文望远镜是看不到它的。

关于天狼星和它的伴星的故事,以后再说吧。

牛郎星和织女星的传说

观察星空，最引人注目的是银河，它像一条白色的带子飘在空中。

银河是由许许多多星星组成的，因为它们离地球太远了，看上去成了模模糊糊的一片白色，西方人则称它为"牛奶路"。

银河在天琴座附近分成两股"支流"，这里的星星也特别密集，是一个很美丽的地方。

天琴座位于武仙座的东边，是一个比较小的星座，有四颗星排成两根琴弦的样子，"琴弦"的旁边有一颗像大宝石一样闪光的亮星，那就是著名的织女星。

和天琴座的织女星隔河相对的是天鹰座的牛郎星。

牛郎星比织女星稍暗一些，在它的左右各有一颗小星，俗称扁担星。

关于牛郎星和织女星，中国民间流传着一个动人的故事。

天帝有一个孙女，长得很美，心灵手巧，热爱劳动，特别是布织得好。她织出的布花样多极了，大家都叫她织女，对她的真名倒记不得了。

天帝很喜欢织女，想在天上的诸神中为她找一个婆家。可是织女有自己的打算。她厌倦了天宫里清冷单调的生活，看到人世间男耕女织、阖家欢乐的情景，很是羡慕。尤其是那个早出晚归、家境贫寒的放牛郎，深深牵动着她的心。

放牛的小伙子是个孤儿，父母很早就去世了，他和哥嫂在一起生活。

有一天，他在街上看到一个老人牵着一头牛，那牛一边走一边流泪，显得十分痛苦。小伙子拦住老人问道："这牛为什么哭得这样伤心？"

老人叹了一口气说："这牛陪伴了我大半辈子，犁田拉车样样都行，帮了我的大忙。要不是老伴病得厉害，急等钱用，我怎能舍得把它卖给屠夫呢？看样子它也舍不得离开这个世界啊！"

小伙子想了想，说："把它卖给我行吗？"

老人看看他，说："行是行，可你有这么多钱吗？"

小伙子说："你等一等。"他跑回家去，翻箱倒柜，把哥哥、嫂嫂积攒的钱都拿了出来买了老人的牛。

小伙子把牛牵到绿草丰美的草地上，让它吃个饱；又把它牵到清澈的小溪旁，让它喝个足。然后，他轻轻抚摸着牛头，说："我们做个好朋友吧！"那牛连连点头，小伙子高兴极了。太阳落山了，小伙子牵着牛回家去，刚进门就看到哥嫂怒气冲冲地站在那里。

小伙子挨了一顿痛打，最后被赶出了家门。从此，他就住在村外一间破破烂烂的小草房里，白天到水草地去放牛、开荒种地，晚上回到草房里一边做饭，一边和牛聊天，日子过得很苦，但也自由自在，人们都叫他牛郎。

这一天，牛郎回到家里，发现饭菜都做好了，有一个美丽的姑娘坐在他的床上，笑嘻嘻地看着他。牛郎很惊奇，盯着她看起来没完。那姑娘说："有什么好看的，快吃饭吧！"这姑娘就是织女，她偷偷地从天宫里跑了下来，和牛郎结成了夫妻。

牛郎和织女一起劳动，一起生活，日子过得很幸福。转眼过去了好几年，织女生下了一个儿子和一个女儿，家里更热闹、更欢乐了。

织女下凡嫁给牛郎的事被王母娘娘发现了。天上和人间是两个世界，私自通婚就是触犯天规。王母娘娘亲自带领天兵下凡，要把大逆不道的织女捉回来问罪。

这一天,牛郎还没进门就听到孩子们的阵阵哭声,几个面目凶狠的天兵正架着织女的胳膊往外拖。织女拼命挣扎,头发都散开了。

牛郎大惊,连忙上前阻拦,却听到空中传来王母娘娘的声音:

"大胆牛郎竟敢违抗天命!"

一道灼目的光闪过后,响起了震天动地的轰鸣,牛郎被击倒在地,动弹不得。

那头牛发起火来,向天兵撞去,天兵躲闪不及,被牛撞得东倒西歪。王母娘娘手一扬,又是一道闪电,那牛却毫不畏惧,继续向天兵进攻。

王母娘娘见状,刮起一阵大风,把织女和天兵收到天上去了。

牛郎焦急万分,却想不出办法。忽然,老牛开口说话了:"快带上孩子,追上织女,再晚就来不及了!"

原来这老牛也是一个下凡的神仙,有上天的本领。老牛做起法术,用云朵铺成一条大路。牛郎急忙找了一根扁担和两个箩筐,把孩子放进箩筐里挑起来,踏云上天,大步追去。

牛郎越升越高,老牛又施展法术,给牛郎增加力气,让牛郎越走越快。织女见牛郎追来,用力往后拖,走得越来越慢，眼看就要被牛郎追上了。

王母娘娘从头上拔下一支金簪，在织女和牛郎之间划了一下，天上立刻出现一条大河，河水浩浩荡荡、汹涌澎湃，把两人隔开了。

牛郎和织女隔河相望却不能相会，痛苦极了。织女天天啼哭不止，牛郎则每天把孩子挑到河边让织女看一看。

天神被他们的真挚感情所感动，把他们变成了天上的星星。那条大河就是银河，织女星在河的西岸，牛郎星在河的东

牛郎星和织女星的传说　023

岸，牛郎星旁边的两颗小星星就是他们的孩子变成的星。

据说每年的阴历七月初七，天神命令世间的喜鹊都要飞上天去搭成鹊桥，让牛郎和织女相会一次。

故事总归是故事。

牛郎星和织女星之间的距离是14.5光年，光还得14.5年才能走完这段距离，要牛郎和织女一天内走个来回是绝对办不到的。另外，据天文学家测量，织女星的半径约为牛郎星的2.8倍，质量约为3倍。两颗星一大一小，作为"夫妻"也似乎太不般配了。

在织女星不远处倒是有一个有趣的现象。

用中型的望远镜可以看到，那是一个很美丽的光环，像茫茫大海里漂浮着的发光的救生圈。光环的中间有一颗小星。

这光环是一种星云。

恒星在爆发时，其内部的气体和尘埃会向外散开并扩展，最终形成一个巨大的气体和尘埃云，这种结构被称为星云。

月球的秘密

月球是离地球最近的一颗星球。

"床前明月光,疑是地上霜,举头望明月,低头思故乡。"李白这首家喻户晓的诗说明了人和月球关系之密切。苏东坡则更进了一步,希望到月球去看一看。他吟唱道:"明月几时有,把酒问青天……我欲乘风归去,又恐琼楼玉宇,高处不胜寒。"但在古代,这只是一种幻想。

据测量,月球与地球的平均距离有 38 万千米之遥,如果乘火车去得 9 个月,乘超音速飞机去也得 8 天。但是,太空中既无铁路,又无空气,火车和飞机都发挥不了作用,唯一可用的交通工具就是火箭。

伽利略和"光管"的故事

1603年,威廉·吉尔伯特依据肉眼观察绘制了一幅月球地图。

1609年7月,托马斯·哈里奥特使用望远镜观测月球,并随手绘制了月球的形状,这是世界上第一张使用望远镜观测绘制出的月球地图。

1609年10月,伽利略对月球的观测成果公开发表,并通过《星际信使》广泛传播,由于伽利略的观测更具系统性和影响力,历史上通常认为伽利略是第一个绘制月球地图的人。

伽利略不是用眼睛,而是用自制的仪器——"光管"来观察月球的,从而看到了一般人看不到的景物。

据说,荷兰有一个小镇叫米德堡,镇里有个名叫汉斯的玻璃技师。他开了一家玻璃作坊,主营磨制眼镜片。他的儿子小汉斯很喜欢玩各种各样的玻璃片。有一天,小汉斯把两片透镜叠放在一起看远处的教堂，教堂的尖塔竟来到自己面前；看街上的行人也清楚多了。他把这件事告诉了父亲。汉斯把两块透镜装在一根长管子里，可以放大远处的物体，这样看东西更清楚了。他把这玩意儿叫"光管"，放在店里当高级玩具出售。

伽利略听到这一消息，立刻想到可以用"光管"来观察天体。

伽利略将一块凹透镜和一块凸透镜组装在铅管内，制成了首架天文望远镜。他用望远镜对准的第一个天体就是月球。

伽利略的望远镜放大倍数约为20~30倍，在今天看来它是很低级的望远镜，但伽利略却用它取得了重大发现。

伽利略发现了月球上的环形山是一种圆形的凹坑，周围有圆环状的山，和地球上的火山口有些相似。月球上的环形山多极了，直径大于一千米的就有3万多个。

月球上的南极-艾特肯盆地是月球上最大、最深和最古老的撞击盆地，其直径约为2500千米，面积约为490万平方千米，占整个月球表面积的近12.5%。

月球上有连绵险峻的山峰。月球上的山有多高呢？伽利略创造了根据地影测量山峰高度的方法。测量结果显示，月球山最高的有9000多米，比地球上的珠穆朗玛峰还要高呢！

伽利略给月球两条最显眼的山脉起了名字，一条叫阿尔卑斯山脉，一条叫亚平宁山脉。这都是欧洲山脉的名字。

伽利略还发现了月球上的"海"。

月球的"海"里是没有水的，实际上是地形比较低洼的平原。从地球上看，月亮的阴暗区就是"月海"。月球正面有22个"海"，最大的月海为风暴洋，面积约400万平方千米。"月海"并不平坦，有许许多多的坑穴或小的环形山。

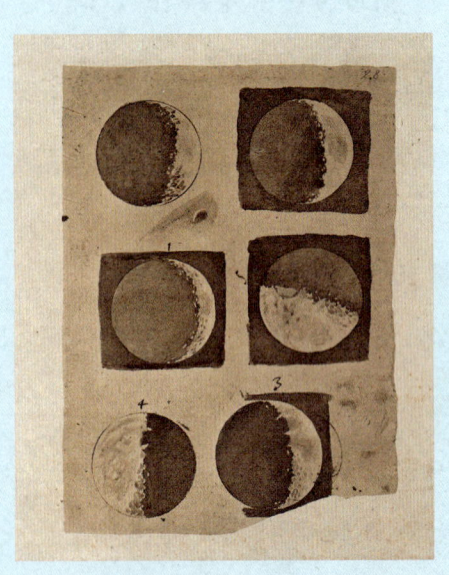

总之，月球看上去是一个充满荒山野岭的世界。伽利略根据他的观察绘制了第一张月面地图。

人们曾经把月球看成皎洁而完美的天体，但从望远镜中看到的却是到处坑坑洼洼、粗糙不平的月面，这太让人感到意外了。

伽利略的发现遭到了罗马教廷的反对。他们认为，天上是诸位神灵的领地，是最完美的"天堂"，怎么会这样难

伽利略和"光管"的故事

看呢？一定是伽利略使用魔鬼的邪术糟蹋了月亮。他是一个邪教徒，教会规定对这样的人必须严加惩罚。

罗马教廷一方面禁止教徒使用"光管"观看月球和其他天体，另一方面加紧策划对伽利略的迫害。

他们对伽利略一直不满。关于地球是不是太阳系的中心，他们和伽利略就争论过一次。伽利略宣讲哥白尼的"太阳中心"学说，受到教会的多次警告，但他不但不肯服从，反而著书立说公然对抗教会。

哥白尼是波兰科学家，他花费了数十年的心血，对天体的运行进行了严格的观测和计算，写成一部不朽巨著《天体运行论》。

他的看法是，地球并不是宇宙的中心，它不过是一颗普通的行星，唯一的特殊之处是我们人类居住在这个星球上罢了。

他认为，太阳才是行星的统帅者。

地球每天自转一周，所以才有日月星辰和每天的东升西落现象。

月球是地球的卫星，它每个月绕着地球转一周。与此同时，它还和地球一起绕着太阳公转，每年转一周。其他行星也大致如此，只是公转的周期不同而已。

在今天看来，这些知识是很普通、很平常的，但在那时却是大逆不道的异端邪说，敢于宣传的人要冒着被处死的危险。

有一位名叫布鲁诺的人，因宣传和发展了哥白尼的这些观点，被罗马教廷烧死在罗马百花广场上。

伽利略是继布鲁诺之后的哥白尼学说的又一个宣传者。他用望远镜为哥白尼学说的正确性提供了更具有说服力的证据，对教会的威胁更大了。

1633年2月，教会的执法机关——宗教裁判所审讯了这位年近70岁的老科学家。在百般折磨和摧残之后，伽利略被判终身软禁。晚年，他双目失明，但仍坚持科学研究。

在生命的最后几年里，伽利略又完成了对月球的周日和周月运动规律的研究，为天文学的发展做出了新的贡献。

软禁和烈火是消灭不了真理的。

伽利略从"光管"里看到的一切确实是存在的。

天狗把月亮吃掉了

在我国古代，史书中记载了这样一件事。

农历十五或十六的满月，圆圆的月亮高高挂在天上，世界沐浴在一片银色的光辉中。农家场院里传来阵阵笑声，人们在月光下聊天、赏月。

有一次，人们忽然发现在月亮的边缘处有一个圆弧形的黑影慢慢爬上来，黑影越来越大，遮住了月光，夜色变得昏暗起来。

"不好了，天狗吃月亮了！"

一位老者连忙站起来，回家找了一面锣，"当——当——当——"地敲个不停。

那黑影继续扩大，不多会儿就把整个月亮遮住了，月亮只显露出古铜色的微弱亮光，周围顿时陷入黑暗之中。孩子们惊叫起来，老者的锣敲得更响、更急了。

又过了一会儿，圆弧形的黑影渐渐从月亮上移开了，露出月牙儿，月牙儿不断扩大，黑影逐渐移开，一轮明月又恢复了原样。

那老者放下锣，松了一口气。他已累得不行了。

"天狗食月"的现象叫作月食。月食分为月偏食和月全食：当月球部分进入地球的影子时，称为月偏食；当月球完全进入地球的影子时，称为月全食。类似地，太阳有时也会被月球遮挡，这种现象叫作日食，日食也分为日偏食和日全食。

古代人弄不清楚这些道理，便猜想这是一只天狗在作怪，于是想用锣声把它吓跑。其实，这完全是多余的。

古代的小亚细亚还有一个关于日食的故事。

那里有两个部落，一个叫吕底亚，另一个叫米底。这两个部落长期不和，终年争战不休，双方都死了不少人，但谁都不服输。

这一年，他们又打得不可开交。

一个名叫泰勒斯的古希腊哲学家熟知天文。他计算出最近要发生日全食，便决定利用这个机会，劝说两个部落罢战言和。他把双方首领叫到一起，严肃地说："上帝见你们争斗十分生气，明天要用日食警告你们，若你们再不停止战争就把太阳收回，让这世界永远漆黑一团，你们看着办吧！"

034　奇趣天空

两首领摇摇头，将信将疑地走了。

第二天双方继续开战，正打得激烈时，太阳突然收回了光芒，大地变黑暗了。

双方士兵惊恐万分，纷纷扔下武器，四散逃命。此事以后，两个部落缔结了和平条约，再也不打仗了。

其实，对于现代人来说，日食和月食的道理是很好理解的。

月球和地球都是不透明的球形星体，它们自己不会发光，但可以反射太阳的光，因此看上去似乎也在发光。

当太阳、地球和月球在运行中排成一条直线且地球在中间时，太阳射到月球上的光被地球挡住，我们就看不到明亮的月亮了，这就是月食。当月球在中间时，太阳射到地球上的光被月球挡住了，我们就看不到太阳光了，这就是日食。

部分挡住，是偏食；全部挡住，是全食。

这就像你正在看电视的时候，有一个人从你面前横穿过去，那一瞬间你就看不到屏幕了，发生了"电视食"。你看，道理简单吧！

但在没有建立正确宇宙观的古代人眼里，日食和月食就变成了令人恐惧的很神秘的事件。

月亮还有一个特点，是有圆有缺，天文学称之为月相变化。

苏轼在诗中写道："人有悲欢离合，月有阴晴圆缺，此事古难全。"

月亮为什么会有此变化呢？

这道理也不难理解。既然月亮的光来自太阳，月亮又围绕地球运转，那它在不同位置上反射到地球的太阳光就不会相同。月相的变化像一首儿歌说的：初一生，初二长，初三出来望望……到十五，一个圆盘大又亮。

月亮绕地球公转一周的时间约为27.3天，但由于地球也在绕太阳运动，月相变化的周期约为29.5天，因此，月相的变化每月循环一次。

如果你仔细观察月牙儿，会发现那里隐隐约约有一个月球，只不过"月牙"部分亮一些，其余部分暗一些。这暗光是地球的反射光。换句话说，不管月相怎么变，出现在我们面前的总是一个完整的月亮，只不过一部分亮一部分暗罢了。

如果细心的话，你还会发现月面上的图案似乎总是一个样子，以正面对着地球，把它的背面藏起来不让我们看到。

这又是为什么呢？

这是因为，月球自转一周的时间和它绕地球一周的时间相同，所以它总是以正面对着地球。

打个比方，有一个长跑运动员在圆形跑道上赛跑，他跑一圈时，脸的方向也转了一圈，这和月亮的运动规律相似。如果你站在跑道的中央看这个运动员，看到的也只是他的一个侧面，另一面是看不到的。

1959年10月7日，苏联发射的"月球3号"探测器绕到月球的背面，拍摄了世界上第一张月球背面的照片。从照片上看，月球背面和正面大不相同，那里几乎布满了大大小小的环形山，色彩暗淡的"海"和险峻的山脉却很少，但总体看来也是一个崎岖不平的荒凉的世界。

从月球上取回的珍宝

月球，作为离地球最近的天然卫星，自古以来就激发了人类无尽的好奇与探索欲望。随着科技的进步，人类对月球的探索从神话传说走向了科学实证，尤其是近年来通过月壤分析取得的一系列重大成果，极大地推动了人类对月球乃至太阳系的认知。

2013年12月14日，中国的"嫦娥三号"月球探测器首次实现月面软着陆，次日清晨，月球车"玉兔号"从着陆器上驶下，开始了月面的巡视勘察工作。

2019年1月3日，中国的"嫦娥四号"月球探测器稳稳地降落在月球背面，搭载的月球车"玉兔二号"取得了丰硕的科考成果，我国成为世界上第一个成功实现月球背面软着陆的国家。

在月球背面登陆的困难很多，其中困难之一是通信困难。因为月球自转一周和绕地球一圈时间相同，所以我们在地球上看不到月球的背面，换句话说，月球背面不在地球的通信服务区，无法对飞船进行操控指挥。为此我国特地发射了一颗名为"鹊桥"的地月拉格朗日L2点中继卫星，通过它建立起了地球和"嫦娥四号"的通信联系。另外月球背面地形崎岖，几乎全是环形山和陨石坑，月球车行走困难，操控指挥难度很大。但我国的航天科学家和科技工作者们不畏艰险，勇于攀登，成为人类探索月背的先驱者。

2020年，国际宇航联合会将"世界航天奖"授予中国"嫦娥四号"工程团队。

2020年12月17日，中国"嫦娥五号"月球探测器成功从月球带回1731克月壤样品，中国成为继美国、苏联后，第三个实现月球采样返回的国家。

"嫦娥五号"采集的月壤样品不仅具有重要的科研价值，还为未来的月球资源开发和利用提供了新的可能性。通过对这些样品的深入研究，科学家们发现了月球上存在着一种富含水分子和铵的未知矿物晶体。这种水合矿物的发现揭示了月球上水分子可能存在的一种形式——水合盐，这种水合矿物在月球高纬度地区非常稳定，即使在广阔的月球阳光照射区也可能存在。

通过对"嫦娥五号"带回的月壤样品的研究，科学家们还发现了月球上的第六种新矿物——嫦娥石。这一发现不仅丰富了我们对月球的认识,还对月球火山活动的结束时间进行了重新评估,其结束时间推迟了约8亿年。

> 月壤样本中的某些矿物和化学成分与地球岩石相似,支持了大碰撞假说。

根据"大碰撞假说",月球是由地球与忒伊亚行星碰撞后的碎片形成的。月球刚形成时很热,慢慢冷下来形成表面的硬壳,古老的山地就是那时诞生的。但那时,月球内部还很热,不断有火山爆发,有大量的熔岩喷射出来在月面上泛滥,形成月球上看起来色彩暗淡的"月海"。

后来,月球遇上了大量陨石的袭击,这些袭击的结果是给月球留下许多坑坑洼洼的痕迹,包括月球最有特点的景观——环形山;撞击时喷射出的物质堆积起来,就形成了年轻一些的山脉。

最后月球便进入"寂静"时代,"海"、陆地、环形山、月坑都已形成,这就是我们今天看到的月球。

人们最关心的还是月球上有没有生命。

科学家没有从月壤样品中找到任何生命物质,不管是活的，死的，或者以化石形式存在的，没发现一点儿生命的迹象。既然最低级的生命都没有被发现，传说中的吴刚、嫦娥、玉兔一类高级生命就更不会有了。

尽管对月壤进行分析未发现任何生命迹象，但这些研究为探索月球乃至其他天体的生命可能性提供了科学依据。月球作为无生命的天体，为研究生命的起源和宇宙中的生命分布提供了重要参考。

月球的背面，有五座环形山是以中国古代的科学家命名的，他们是祖冲之、张衡、郭守敬和石申，还有一位名叫"万户"。

对最后一位大家可能有些陌生。"万户"是明朝人，真实姓名没有记载，"万户"是他的官名。他是世界上第一位尝试利用"火箭"登天的英雄。

他在一把椅子的背后绑上了很多支大火箭，自己坐在椅子上，手里举着一个大风筝，命令助手点燃这些火箭。

"轰"的一声，火箭爆炸了。

"万户"虽然牺牲了，但他的勇敢精神和大胆的思路却给后人以鼓舞和启迪，人们是不会忘记这位宇宙航行先驱者的。

中国通过"嫦娥五号"带回的月壤样本，向全球100多所研究机构进行了部分分享，推动了国际科学界的合作研究。这一举措不仅提升了中国在月球探测领域的国际影响力，也为全球月球科学研究注入了新的活力。

总的来说，经过不屈不挠的努力，人类对月球的认识已前进了一大步，但还有许许多多的奥秘没有被揭开。

目前，全世界的科学家正在研究如何开发和利用月球，而且美国、欧洲和日本等国家和地区的科学家已提出许多具体的计划，包括在月球上建立宇宙城，进行资源开采、能源开发，设立宇宙航行的"停靠站"，等等。

辉煌的太阳

相传,中国古代有一个名叫夸父的人,他看到太阳每天早晨从东方升起、傍晚在西方落下,就想:晚上太阳在哪里过夜呢?它也有一个家吗?它的家是什么样子的?如果能亲自去看一看,该有多好啊!

于是,他拿着一根手杖就出发了。他走啊、跑啊,向着太阳落下的方向奔去,不知走了多少天,也不知走了多少路。渴了,他停在大河边,把河水都喝干了;饿了,他到地里采些野果吃,连叶子都吞了下去。他下定决心,不找到太阳的"家"誓不罢休。

追赶太阳的夸父最后累死了,也没有到达目的地。据说他的手杖在陕西潼关附近化成了一片桃林。当地的人为他追求光明、不畏艰难的精神所感动,把他埋葬在一座山上,把那座山叫作夸父山。每年春天,那里桃花盛开,远远望去像一片红色的云彩,又像天边美丽的彩霞。

那么,我们能不能依靠科学的力量去探求太阳的秘密呢?

在所有天体中,太阳和人类的关系最密切,科学家们对太阳的研究也特别用心。下面我们就来讲几个关于太阳的有趣故事。

两小孩辩日

我国古代有一本名叫《列子·汤问》的书，书中记载了下面一则故事。

一天，两个七八岁的孩子在路上为了太阳的事争论起来。

孩子甲说："我看，早晨的太阳离我们近，中午的太阳离我们远，你说对不对？"

孩子乙说："我的看法和你相反。我认为，早晨的太阳离我们远，中午的太阳离我们近。"

甲说："我的看法是有根据的。你看啊，早晨的太阳像车轮子那么大，到了中午就像盛菜的盘子那么大了。同一个东西，离我们越远就越小。可见，太阳中午的时候离我们远一些。"

乙说："我也不是乱猜乱说的。你想啊，早晨太阳光照在身上很凉爽，可到了中午太阳晒得很难受。一个发热的东西离你越近就越热。可见，太阳中午的时候离我们近一些。"

两个孩子就这样吵了起来，各说各的理，互不相让。这时，孔子走了过来，孔子是远近闻名的大学问家，孩子们请他来做一个裁判，看看谁说得有道理。可是孔子听完两个孩子的话，却皱起眉头来。

他想了好久，最后还是无法判断谁是谁非。他老老实实地说道：

"孩子，这个问题我和你们一样都不明白。"

这个故事告诉我们，古人仅凭肉眼观察与主观感受是无法探明太阳的奥秘的，两个孩子提出的问题连"圣人"也一筹莫展。

那么，为什么早晨太阳看起来会大一些呢？

这其实是一种错觉。早晨，太阳在地平线附近，有房屋、树木和山岭等物体作对比，太阳显得大一些；中午，太阳是在空旷的天空中，就显得小一些。如果用仪器来测量，太阳是一样大的。

那么，为什么中午太阳要热一些呢？这就和地球的大气层有关了。早晨，太阳光是斜射的，要经过较厚的大气层，大气层吸收掉一些热量，所以我们感觉凉爽一些。到中午，太阳光直射，经过的大气层较薄一些，被大气层吸

收的热量要少一些，我们就感觉热多了。

现在已经很清楚，地球是在一个椭圆形的轨道上围绕着太阳运动的，每年绕太阳转一周，与太阳之间的平均距离约为1.5亿千米。对于一天来说，太阳离我们的距离变化是很小的，也是我们觉察不到的。

1.5亿千米有多远呢？

打个比方，如果夸父有办法在太空中行走，每小时走5千米远，从地球走到太阳，一刻不停，需要3500多年。

实际上，即使夸父有办法到达太阳，也上不去，因为那里的高温会把他烤死的。

太阳表面的温度约为5500℃，内部的温度就更高了，其核心可高达1500万℃。在地球上很难找到这么高的温度。钢铁厂里铁水的温度只有2000℃左右；电灯泡里的钨丝熔点算高的了，也不过3400℃。

> 太阳发出的光和热相当强。可以说，太阳是一个炽热而发光的气体星球。

天文工作者测量了太阳照射到地面的热量：每分钟每平方厘米上的总热量约为1.96卡。人们把这个数值称为"太阳常数"。

太阳是向四面八方的宇宙空间辐射热量的，地球接受的只有其中的22亿分之一。根据地球的面积和太阳常数的数值，可以算出地球接收的来自太阳的总热量。

据估算，太阳每秒释放的热量约等于115亿吨标准煤所产生的热量。

可能你想不到，在你眨一眨眼的时间里，太阳发出的热量就能把25亿立方千米的冰全部融化成水并烧得沸腾起来。

下面我们来说说太阳的大小。从地球上看，正如本文开头故事中的那个孩子甲所说，早晨像个车轮子，中午像个菜盘子。实际上，太阳的直径约是地球的109倍，它的

> 如果把太阳比作一个大西瓜，那么地球还没有一个芝麻大呢！

体积约是地球的130万倍。换句话说，太阳的肚子里可以放得下130万个地球。你想一想，它该有多大呀！

和地球相比，太阳确实是一个了不得的"巨人"，但在恒星世界里，它就不那么显眼了。夜晚天上闪烁的星星中，绝大多数是恒星，单是在理想条件下人眼能看到的就约有6000颗。它们当中，在体积上有的要比太阳大几十亿倍，在亮度上有的要比太阳亮几十万倍；当然，也有比太阳小、比太阳暗的。

太阳在恒星世界里很普通，无论大小、质量、温度都处于中等地位，不算大也不算小。

不过，我们可以把太阳看成恒星的代表，把太阳的秘密研究清楚了，对其他恒星的情况就可以推而知之。所以，观测和研究太阳，不仅因为它直接影响地球和人类的生活，对于认识宇宙也具有重要意义。

奇妙的"太阳风"

为什么彗星的尾巴总是背向太阳？为什么地球磁场有一个长尾巴？为什么会发生"地磁暴"？这些问题长期以来都没有得到满意的解释。到了20世纪50年代，谜底终于揭开了。人造卫星的观测结果告诉我们，太阳不仅发光，而且还发射速度很高的微粒流，这就是通常所说的"太阳风"。

太阳风是连续不断的，它永不停歇地从太阳中吹出来，即使在地球附近，太阳风的速度通常也能达到400~800千米/秒，可以说速度相当惊人。地球上风的最高速度也不会超过1千米/秒。当太阳风活动增强时，风速将更强。这时，我们可以在太阳大气的最外层看到暗区——冕洞，同时地球上受到强大太阳风的扰动而产生影响通信的"磁暴"。

地球上的风实质上是空气的流动产生的，而太阳风主要由质子和电子组成，另有少量氦离子及其他重离子。粒子的密度很低，地球附近的太阳风中，每立方厘米约有5～10个粒子，可以说是稀薄得可怜，但其作用却不容忽视。除了造成地磁尾巴（长达100～200个地球半径）和彗星尾的定向，还能剥蚀和吹走宇宙尘埃，因此它在宇宙航行中也是不可忽视的因素。

太阳风来源于太阳内部的热核反应，因此携带着太阳的信息。太阳不停地自转，所以太阳风的方向也呈螺旋形，就像旋转的喷嘴喷出的水流一样。一般来说，越远离太阳，"风力"越弱，但也有杂乱的变化，人们把这些变化称为宇宙空间中的"漩涡"和"波浪"。

关于太阳风的研究方兴未艾，方法也很多。例如，通过雷达发出无线电波，电波遇到太阳风会发生反射或折射现象；遥远的射电天体发来的射线遇到太阳风会发生散射现象；还有对彗星的观测，这些都会帮助我们揭开太阳风的秘密，但最好的方法还是让携带仪器的人造卫星直接上天去勘察研究，这对了解恒星、日地空间和地球物理等具有重要意义，而且还可对地磁变化作出预报。

英国科幻小说《太阳帆船》中设想用太阳风作动力实现宇宙航行，就像风力推动帆船在江河和海洋上航行一样。小说中写道："8千万平方尺的太阳帆，由几乎100千米长的悬索系在密封舱上，它们犹如朵朵奇妙的银花，绽开在幽暗的宇宙空间，鼓满宇宙的长风，向前飞去……"

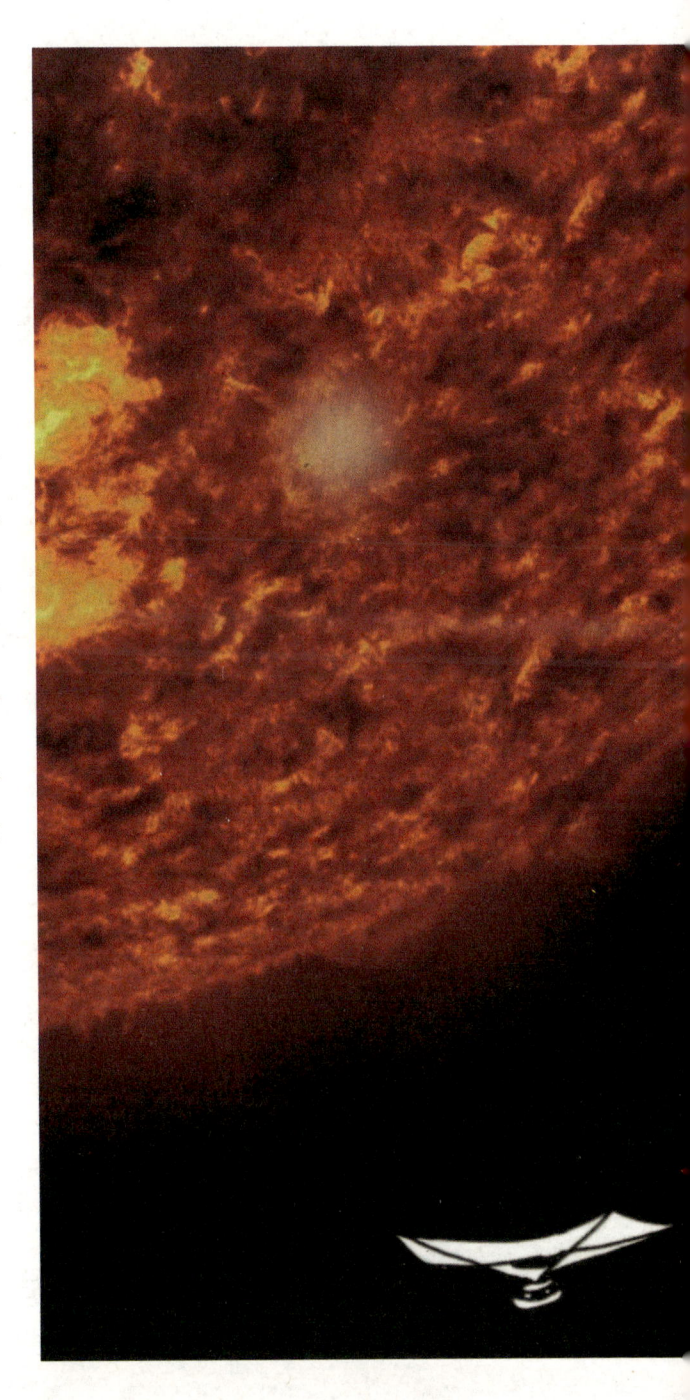

这在目前当然还不能实现，但这种无须耗费一滴燃料的大胆而新奇的设想，的确是很吸引人的。对太阳风的进一步深入研究，也许会产生意想不到的奇迹呢！

太阳上的"氢弹"爆炸了

太阳已经存在几十亿年了,它总是那么光辉灿烂。

它巨大的能量是从哪里来的呢?就算它是个大"火炉",它烧的是什么燃料呢?家里的炉子可以烧煤,也可以烧油,还可以"烧"电,太阳可不可以烧这些东西呢?

在20世纪之前,人们一直弄不清太阳"烧"什么东西。经分析,煤也好,油也好,或是地球上别的燃料也好,都不可能燃烧得这么久、这么剧烈。

1905年,爱因斯坦在关于狭义相对论的论文中提出了一个公式,公式的意思是任何质量都和一定的能量相对应,它们的关系是能量等于质量乘以光速的平方($E = mc^2$)。

按照这个理论,1克物质完全转化为能量时,释放的能量相当于约3000吨煤燃烧所释放的能量。

汉斯·贝特基于爱因斯坦的这个公式,提出了太阳能量来源于核聚变的理论。太阳的质量巨大，因此，其核心的高温高压环境使氢原子核发生核聚变反应，产生的能量也是巨大的。

可是，如何实现质量和能量的互相转换呢？经过若干年的艰苦努力，人们终于找到了这个方法，那就是核反应。

1945年7月16日的清晨5点钟，美国西部的一处沙漠里响起了尖锐的警报声。一座高高耸立的铁塔上放着人类制造的第一颗原子弹。

一大群科学家和工作人员在10千米以外的地方观察这次爆炸。

这次试验几乎集中了美国和欧洲所有优秀的科学家，动员了上万名工程师和技术工人，花费了20亿美元的巨款。它，能成功吗？

倒计时声从喇叭中传出来："五、四、三、二、一，起爆！"

就在这一瞬间，沙漠中突然出现了一个火球，它发出的灼目的光比1000个太阳还要亮，把大片沙漠和周围的山岗照得一清二楚。

人们被眼前的景象惊呆了。

他们身穿防护衣，眼戴墨镜，脸上涂着防晒油，待在事先挖好的沙坑里面。他们的心情很紧张。

"太阳，太阳来到我们面前了！"

一轮火球冉冉升起，它变换着形状和色彩，化作巨大的蘑菇状烟云，直冲到1万米以上的高空，接着又响起了天崩地裂的爆炸声。巨大的冲击波袭来的时候，笨重的坦克竟像足球一样被冲击波推动，骨碌碌地滚动起来。

原子弹利用的原理就是原子核分裂时释放出的能量。

1952年，人们又利用原子核聚合时释放出的能量制造了一种威力更大的炸弹——氢弹。

一个大小如篮球般的氢弹，可以释放出相当于100万吨TNT炸药爆炸时释放的能量。只要需要，人们可以制造出能量更大的氢弹来。

随着对原子核能量研究的深入，科学家对太阳上发生的事情也就渐渐明白了。

在太阳的内部，温度和压力都很高，在这样的高温高压下，发生着大规模的"氢弹"爆炸反应。其中，主要是氢原子核聚合成氦原子核的反应，聚合时的质量亏损，像爱因斯坦著名公式计算的那样，化成巨大的能量向外辐射出去。

我们可以把太阳看成一座巨大的"原子锅炉"。在锅炉里"燃烧"的燃料是氢原子核，"烧"完后的"灰烬"是氦原子核，放出的是强大的射线和惊人的能量。太阳上的氢原子的质量占太阳总质量的70%以上，所以这座"锅炉"的燃料非常充足。

进一步的研究发现，太阳上的"氢弹"爆炸反应只发生在太阳的核心部分，其半径只占太阳半径的1/4，这一部分又叫作太阳内核。

在内核发生的"氢弹"爆炸放出的能量通过辐射区进入对流层。由于对流层内外表面有

> 太阳内核的外边是辐射区，再外面是对流层。

较大的温度差，物质发生对流现象，一股股气体从下面冒上来，还有一股股气体从上面降下去，就像一锅煮开的稀饭。

在天气晴朗、没有风的时候，我们可以通过望远镜观测到太阳表面的这种对流现象。但要注意，不可以直接用眼睛去看，太阳的强光会灼坏眼睛的。

你可以在望远镜的镜头上加一块厚的黑玻璃进行观看。

太阳表面上有密密麻麻的小斑点，好像一颗颗米粒。"米粒"的变化很快，每颗"米粒"存在的时间平均只有七八分钟，长的也不过十五分钟，这一颗刚刚消失，那一颗又诞生了。

当然，这些"米粒"和我们吃的大米、小米是不能相比的，最小的"米粒"直径也有几百千米，有的达上千千米。这些在太阳上翻腾的"米粒"多极了，估计总数约有400万颗。正是这些翻腾的"米粒"把太阳内部"氢弹"爆炸的能量传到了表面上来。

除了对流现象，太阳上还有一个壮观的景象——日珥。

如果把太阳比作大火球，日珥就是从火球上冒出来的火焰。在发生日食的时候，

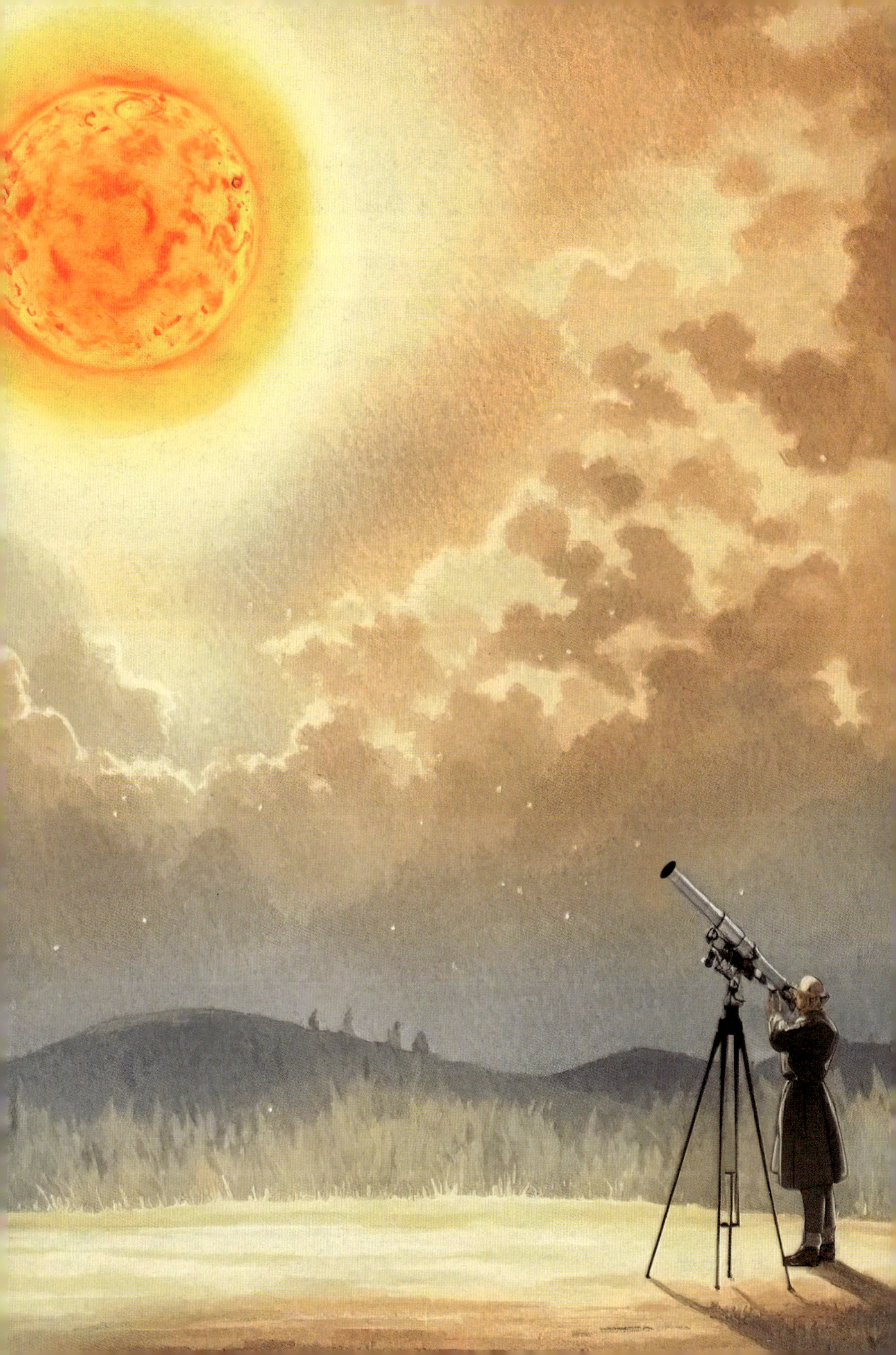

太阳的强光被遮住了，在"黑太阳"的周围，跳动着鲜红的火舌。这些火焰的形状多种多样，有的像喷泉，有的像半圆形的环，有的可升腾到数万千米以上的高空又落回太阳表面，有的则干脆脱离太阳扬长而去。

太阳上的燃料——氢虽然很多，但总是"烧"一点就少一点，最后总有"烧"尽的时候。

世界上的任何事物都不可能永远存在，永远不变，太阳也不会例外。但是，它现在正处于"中年阶段"，至少还有50亿年的寿命。在相当长的时间里，人们不必担忧它的"终结"，它的光辉将长久地普照大地。

太阳耀斑爆发引起通信中断

1972年8月4日,北京邮电局发生了一件怪事。

下午2点25分,国际通信台的所有短波线路突然中断了。

"喂,喂,东京,你听见没有,请回答!""上海,上海,这里是北京,请回答!""科伦坡,你听到了吗?"邮局的工作人员不断呼叫,回答是一片沉默。

是设备出了故障吗?经检查,所有设备都完好无损。

也许是对方的设备有问题?但是,不可能有这么多的地方同时出故障吧。

这是怎么回事?大家面面相觑,疑惑不解。

过了45分钟,和东京的线路接通了;接着,与其他地区的短波通信也陆续恢复了。

就在发生通信中断事件前几分钟,我国云南天文台观测到太阳表面的一次太阳耀斑爆发。他们在一群黑子附近看到一大片明亮的闪光。这闪光迅速膨胀，掠过黑子群，然后缓慢减弱亮度，最后消失了。

这次太阳耀斑爆发的时间和通信中断的时间恰好吻合。

> 与此同时，测量地球磁场的仪器记下了一次地磁的剧烈变化。

这种太阳耀斑爆发是太阳最强烈的活动之一，它表现为在太阳上突然出现一个耀眼的斑点。

耀斑最大的特点是突然发生，又迅速消失。它存在的时间一般只有几分钟，长的不过几十分钟，但它放出的能量却巨大，一个大耀斑放出的能量相当于100亿颗百万吨级当量的氢弹爆炸产生的总能量。

如果这种爆炸发生在地球上，每人至少要承受一颗氢弹的轰炸，这样的话还会有人活下来吗？幸亏它发生在离我们1.5亿千米远的地方，人类还不至于遭到灭顶之灾。

耀斑还有一个特点是在爆发的同时，向外辐射大量的各种射线，从可见光线、紫外线、红外线、X光，到伽马射线都有。除此以外，它还发射高能粒子和其他物质流。

这些射线和高能粒子的一部分直奔地球而来。如果地球没有保护的话，人类就难免要遭受一场大劫难了。

太阳耀斑爆发引起通信中断

幸亏地球是有保护的。地球厚厚的大气层和磁场就是"保护神"，可以阻挡这些射线到达地球，或者让它们偏转方向。

但影响是不可避免的，最明显的就是短波通信中断、地磁场异常，且在地球的南极和北极地区出现壮观美丽的"极光"。

这里简单说一说为什么短波通信会受到影响。

地球的大气层中有一层很厚的电离层，它可以反射电波。当通信电台的电波到达电离层时，就会被反射回来，再被地面反射上去，再反射回来。如此反复，电波就能传播到很远的地方了。

打个比方，电离层像一面镜子，电波就像一束光。因为地球是一个大圆球，一束光不可能射到很远的地方去，但经过镜子的多次反射，就可以传到很远的地方，甚至地球的另一面。

太阳发生耀斑的时候，强大的X射线进入电离层，增强了电离层的电子密度，导致短波信号被过度吸收，反射能力大大减弱，电波当然就传不到远处了。

这种破坏是暂时的，耀斑消失后不久通信就能恢复。当强大的太阳高能粒子进入地球两极地区，撞击空中的原子和分子时将会产生极光。极光是什么样子呢？

有一个北极考察队员描写道:"我被眼前出现的景象惊呆了。天空好像在燃烧,有一层无边无际的透明的轻纱,好像被一种无形的力量抖动着,闪耀着柔和的、淡紫色的亮光。

"有两道彩虹,像两条又长又亮的飘带:一条明亮,呈淡红色;另一条稍暗,呈浅绿色。它们时而隐没时而显现,不停地变换位置,过了一会儿,颜色也变成五颜六色了,真是令人心旷神怡、浮想联翩。

"突然,天空中有几个地方发出刺眼的白光,光芒四射;另外,有几个地方出现一片片淡紫色的彩云。白光消失后,天空中又出现长长的光束,发出淡紫色的抖动的光芒。

"光束在抖动一阵后,突然像闪电一样射到高空的最顶端,并停止在那里,变成一个光华四射的光轮,抖动着,慢慢地熄灭了。"

住在极地附近的人能经常看到极光,他们对此已经不以为奇了,但对于初次见到极光的人,那神奇的光彩肯定会使其大吃一惊。

节日里施放的焰火够壮观了吧,但和太阳"导演"的这一幕自然界的伟大景观相比,就显得又渺小又可怜了。

近年来,人们发现耀斑和人体的生理过程有一定的关系。有研究表明,耀斑出现时,心血管疾病容易发作,人体受到影响，但具体原因仍需进一步验证。还有人提出，在耀斑发生时应停止医院的手术，以免发生不测。

为什么太阳表面会出现耀斑呢？

前面已经讲过，太阳上的核反应是在太阳内部进行的，耀斑是在太阳表面进行的爆炸。那么，这样巨大的能量是从哪里来的呢？

目前，这个问题还是一个谜。科学家们提出了一些看法，认为它可能和太阳的磁场有关，但这个过程太复杂了，许多问题还没有解决。

少年朋友们，努力吧，也许你将来会找到这一问题的正确答案。

太阳家族的行星

天上的星星中，有一些星星像地球这样不停地绕着太阳转，看上去似乎在天空中行走，人们叫它们为"行星"。

它们都是太阳家族的成员，是地球的"弟兄"。

除地球外，其他行星按照同太阳由近到远的顺序排列起来，它们分别是水星、金星、火星、木星、土星、天王星、海王星。地球的位置在金星和火星之间。人用眼睛只能看到前五个行星，后面的两个行星要用望远镜才能看到。

对地球来说，除月球外，其他行星算是相距最近的星球了，为什么不到它们那儿去探险一番，看看那里有些什么新奇的东西呢？

最令人感兴趣的是这些星球上有无生命。曾经有不少人说，这个或那个行星上有动物或植物存在，有人还断言那里有奇形怪状的外星人，这是真的吗？

当然，在没有弄清那儿的真实情况以前，人是不能轻易前往的，可以让火箭把各种探测器送到那儿去。探测器可以代替人的眼睛，为我们揭示那里的秘密，为人类到那里旅行做一些必要的准备。

揭开金星神秘的面纱

春天的清晨，在天空东南方有一颗特别亮的星星，格外引人注意。

它就是金星。因为它一出现天就要亮了，所以它又被人们称为"启明星"。它的美丽使西方人为之倾倒，把它称为"维纳斯"，意思是"爱与美的女神"，认为它象征着甜蜜的爱情。

《西游记》里有个老神仙叫太白金星，也与这颗星有关。

有时这颗星会在傍晚出现在西方天空，那时人们叫它"长庚星"。

既然人们对这颗星格外喜爱，天文学家当然也不会忽略它。

伽利略用望远镜首次发现了月球的环形山和太阳黑子后，就把镜头对准了金星。

他惊奇地发现，金星竟像月球一样，有圆有缺，有相的变化。在望远镜里，金星不是一个小亮点，而是一个小圆面。伽利略连续观察了几个月，发现这个小圆面慢慢变成半圆，再变成月牙形，过了一段时间又会变成圆面。

这说明，金星和月球一样，自己是不会发光的，我们看到的星光是它表面反射的太阳光。

后来，有人在望远镜里看到，金星表面有突发的闪电的亮光，还有不断变化的一条条暗条纹，这更增加了它的神秘感。

从20世纪60年代开始，美国和苏联连续向金星发射了11个探测器，探测器最近时离金星仅有几千千米，但摄像机拍回来的照片却仅显示金星大气层浓厚的云层，其他的什么也看不到。在金星厚厚的"面纱"底下，隐藏着什么秘密呢？

科学家们对这个问题提出了一些诱人的猜想，当然争论也很大。

瑞典科学家阿累尼乌斯猜想："金星浓厚的云层像一个大棚子罩在

美国天文学家罗素说："不，金星表面全是沙漠，沙漠是黄色的或红色的，天空中全是尘埃。"

上面，底下的环境可能潮湿而温暖，植物生长得很快。金星上有高达10米以上的蕨类植物，也可能有爬行类动物存在。"

美国科学家明泽尔说："不，我认为金星的表面全是大海，偶尔能找到几个孤立的岛屿，大块的陆地是没有的。"

英国天文学家霍伊尔说得更有意思了。他说："我看，金星表面确实为大海所覆盖，但海里不是水，而是石油，金星的海是石油海。"

为了弄清真相，美国和苏联继续发射探测器，其中有7个登陆舱轻轻地落在金星表面上，不仅拍下了清楚的金星全景照片，还分析了金星大气和土壤的成分，进行了温度、压力和其他参数的测量。

金星的"面纱"终于被揭开了一个角。

人们遗憾地发现，金星不是有树有水、湿润而温暖的"乐园"，而是一座完全不适合人类生存的"闷热的地狱"。那里的温度高达480℃，而且不管是在什么地方，或是什么时间，都是这样的高温；地面上有石头，但石头是灼热滚烫的。人们原来认为金星的两极地区要凉快一些，但一测量，好家伙，那里的温度比它的赤道地区还高40℃呢！

如果有人冒冒失失地闯入金星，在这样的高温下，肯定要化成一缕青烟了。

金星上没有一滴水。

这是不难理解的。试想，在可以把锡、铅、锌等金属熔化成液体的高温下，即使有水，水也会立刻变成气体跑掉了。经测量，金星的干燥程度远超地球上最干燥的沙漠。

金星大气的主要成分是二氧化碳。金星的大气十分稠密，其表面气压高得惊人，是地球上气压的90倍。在这样的压力下，到金星的旅行者如果没有防护措施，肯定要被压成肉饼了。

金星的云层从不下雨，但大气中却有电闪雷鸣，可真是"光打雷不下雨"。苏联发射的金星12号宇宙探测器就记录了一个大闪电，这个闪电足足持续了15分钟，你说惊不惊人？

金星的地势比较平坦，有平原和高原，还有一条长达数千千米的大峡谷，但没有月球上常见的环形山。

在金星的大气层中有一股强大的风，风速可达每小时320千米。这股风有个特点，它每4天绕着金星转一圈，风总是不停地吹。金星的大部分表面上还覆盖着一层厚厚的浮土，有的地方浮土有一米多厚。

总之，金星是一个荒凉的世界。

科学家们分析了探测器发回来的资料，对金星的演化有了进一步的认识。

大约40亿年前，金星的温度没有这样高，它也有波涛汹涌的大海，有生命存在的条件，发展下去也是可以有"生命"的，但后来太阳变得更热了，金星离太阳又近，大海终于沸腾了，岩石和大海里的二氧化碳被释放出来。

因为二氧化碳的"温室效应"，金星表面的温度开始升高，从而使二氧化碳释放得更多。这样不断发展下去，金星最终变成了今天这个样子。

由于人口增长和工业的发展，地球大气中的二氧化碳浓度持续上升，从而导致"温室效应"加剧，地球的温度也在逐年升高。

金星的演化给我们一个启示：地球这样下去是十分危险的。

我们应增强环境保护意识，及早采取措施，如减少煤炭、石油等燃料的消耗量，推广清洁能源，禁止乱砍树木，保护好森林和绿地等，以避免金星的历史在地球上重演。

火星能否成为下一个家园

美国曾经放映过一部轰动一时的电影，名叫《火星人入侵地球》。

影片的大意是：火星人派出一支远征队来到了地球上。他们的脑袋又圆又大，长了八条腿，看起来像一条条章鱼。他们聪明极了，又有非常先进的武器。地球人哪里是他们的对手？虽然派出最强的军队，但交手不久，地球人就大败而逃，地面上留下一大片尸体。

这部电影演得太逼真了，不少人看了以后吓得要命。有人回家后越想越怕，干脆收拾了一些贵重物品逃到偏僻的深山老林里去了。

火星上真的有人吗？

天文学家用望远镜观察了所有行星，进行了科学的分析，认为火星是最有可能存在生命的行星之一，甚至可能有高等生物。

由于火星离太阳的距离稍远一些，它的平均气温约为 -60℃，与地球的南极洲差不多；它的赤道地区在中午时的温度可达 20℃，要比地球的赤道地区冷一些，但对生命来说还是可以忍受的。

当你观察火星的两极时，会发现那里有白色的"极冠"。夏天到来，"极冠"渐渐变小；冬天到来，"极冠"又变大了。这与地球两极冰雪的积聚和消融多相似啊！

1877 年，意大利一位天文学家发现火星上有许多细而长的黑线，他认为那就是火星人为了灌溉田地而开凿的运河。你想，能开凿运河的人本领还会小吗？

1973 年，美国一位大学教授发现，在火星赤道以南有块椭圆形的区域，他称其为"太阳湖"。"太阳湖"看上去特别亮，里面好像有水，而且随季节不同，"太阳湖"有明显的变化。在这个"水源丰富的绿洲"里还能没有生命？

正因为有这么多的根据，所以，电影《火星人入侵地球》才引起了人们的惊恐不安。

火星是太阳系距离地球较近的行星，与地球同处于太阳系宜居带，因此是人类走出地月系开展深空探测的首选目标。人们曾经认为火星与地球环境非常相似，火星也成为人类寻找地外生命及建立第二家园的目标地点。从上个世纪60年代开始，人类便开始了火星探索之旅，迄今为止全世界开展了四十多次火星探测任务，实现了对火星的飞掠、环绕、着陆和巡视探测等多种探测形式。从1964年到1977年，美国先后向火星发射了"水手号"和"海盗号"等8个探测器，苏联也发射了一些探测器。

中国第一个火星探测器"天问一号"于2020年7月23日在中国海南文昌航天发射场发射，标志着中国航天事业迈向了新的里程碑。

2021年5月15日，"天问一号"着陆巡视器成功着陆于火星乌托邦平原南部预选着陆区，标志着中国首次火星探测任务取得圆满成功。

这些火星探测器发回了许多关于火星的宝贵资料。

火星的南半球和北半球地形差别很大。南半球看起来很古老，有大量的环形山和崎岖的高原；北半球的表面比较平坦，以火山熔岩构成的平原为主，其中点缀着一些死火山。火

火星能否成为下一个家园

星赤道附近有一条绵延5000千米的大峡谷。这条峡谷深极了，比周围的地面要低6千米。峡谷壁陡峭险峻，地球上可没有这样的景观。

火星上还有一个独特的现象——尘暴。有时，火星上会扬起一股灰尘，几天时间就会变成威力巨大的狂风滚滚而来，几个星期之内会覆盖南半球甚至大部分火星表面，使火星变成灰蒙蒙的世界。

火星的尘暴一刮就是好几个月，如果到那里去旅行，这倒是一件让人难受的事。

1971年发射的"水手9号"探测器就碰上了这种尘暴，结果一个多月无法拍照，只好关机等待尘暴平静下来再说。

从照片上可以清清楚楚地看到，火星上有干涸的河床，小河汇成大河的情况也历历在目，但却看不到水。火星上的河里以前肯定是有水的，但现在已经干了。

探测器拍下了整个火星表面的照片，人们很想看看火星人开挖的运河是什么样的，但找来找去却没有找到一点运河的痕迹。

关于火星生命的存在，最有力的证据还是"海盗号"试验。科学家在火星上找了两个最有希望的地方，安装了"机器人试验室"，就地从土壤中取样进行生物化学分析。如果土壤中有生命的痕迹，哪怕是最低等生物，仪器也会给出肯定的报告。

这是怎么回事呢？唯一的解释只能是那位意大利天文学家的判断有问题或是望远镜有毛病了。

但是，分析结果却是"无"。

难道火星上真的没有生命吗？科学家们对此还不能下最后的结论。因为探测器只在几十米范围内活动，这里没有生命，不等于整个火星上都没有生命。

火星的环境对于人类来说是比较恶劣的，但可以加以改造。

例如，从火星的极冠或土壤深处可以取水供人使用；可以用微生物把火星土壤中的氧气释放出来改善火星大气成分；此外，火星的土壤含盐分高，可以种一些抗盐的农作物解决食物问题。

我国"天问一号"任务通过轨道器和"祝融号"火星车的联合探测，发现了火星表面可能存在水冰的证据。

火星能否成为下一个家园 075

这一发现为研究火星的水资源分布和演化历史提供了重要线索，也为未来火星资源的利用（如支持人类驻留）提供了可能。

> 目前，科学家正计划在火星上建一个自给自足的永久性基地。

人类有了这个基地，一方面可以对火星进行全面的研究和开发，另一方面可以继续向别的星球进军。

估计再过若干年，这个计划就可能实现。到那时，地球和火星之间会经常有飞船来往运送物资和人员。说不定你也会搭乘飞船到火星去做一次考察旅行呢！

木星上的大红斑是什么

太阳系的行星中，个头最大的就是木星了。它到底有多大呢？

它的直径是地球直径的 11 倍，它的体积是地球体积的 1300 多倍。太阳系除木星外，还有 7 个行星，把这 7 个行星都捏到一起，还没有木星的一半大呢。

木星也是天空中比较亮的一颗星，我国古代称它为"岁星"。它每 12 年绕太阳转一周，也就是说，把木星在天上走过的路线分成 12 段，每年可走一段，用它来纪年是很方便的。

说起木星，最令人迷惑不解的就是它"脸"上的那一块大红斑了。

木星上的大红斑是什么时候产生的，谁也说不清楚。17 世纪初，当伽利略等人第一次用最简单的望远镜观察木星时，就发现了这个奇怪的斑点。

大红斑在木星的南半球，看上去是一个椭圆形的斑点。它的面积可不小，东西方向有2万多千米长，有时可以"长大"到4万多千米；南北方向有1万多千米长。它的颜色是红色中略带一点棕色，但并不是一成不变的。

1878年，大红斑的颜色突然变成了鲜红色。这就怪了，它为什么要变化呢？难道木星也像爱美的大姑娘那样，高兴起来就要梳妆打扮一番？天文学家们赶快把望远镜对准木星，要看个明白。这种鲜红色一直持续了两三年，到1881年才慢慢淡化了。

到了20世纪，木星大红斑的颜色又变化了两次，一次变成很好看的鲜红色，一次变成玫瑰红色。大部分时间看木星大红斑像是雾里看花，模模糊糊的，只能看到它的轮廓。

大红斑到底是什么东西呢？

人们发现，它的位置虽然大体固定，但有时也会发生小的漂移，这说明它不是和木星表面紧密联系在一起的。难道它是浮在海面上的大冰山，或者是大气中燃烧产生的火焰，或者是一种大风暴？

科学家们提出的看法很多，但似乎都没有充分的依据。

除了大红斑，木星上还有一些小红斑。小红斑和大红斑的区别是规模比较小，出现的位置不固定，存在的时间也比较短。

大红斑的秘密直到航天探测器飞到木星附近时才逐渐被揭开。

航天探测器发现，大红斑实际上是木星大气中的强大气旋，就像地球上的龙卷风或大旋风，当然规模要大得多了。这种大旋风以逆时针方向转动，每6天转一周，里面的气流非常活跃，可谓翻江倒海，令人眼花缭乱。

令人惊讶的是，这个大旋风至少刮了400年。看样子，它还要世世代代刮下去。

大红斑的红色可能由硫化铵或光化学反应产生的复杂有机物导致。航天探测器还发现红斑中有玫瑰色、棕色和白色的云层；在大红斑的中心部分有个小颗粒，它可以算作大红斑的"核"吧。

关于大红斑，有许多疑问还没有得到解释。例如，产生这种气旋的原因是什么？为什么它总在那一个地方？它的"核"又是什么东西？要回答这些问题，还需要对木星进行进一步的研究。

木星离太阳很远，表面温度很低，航天探测器测量的木星大气层顶部温度约为-150℃。在这种温度下，存在

木星上的大红斑是什么

生命的可能性是不大的。

由于木星大气层特别浓密，估计厚达1000千米，因此木星的表面到底是什么样子的难以说清楚。有人猜想，可能是一个浩瀚无比的由液体氢组成的大海洋。

木星的周围有90多颗"卫星"。在太阳系的行星家族中，木星的卫星够多了。其中，比较大的4颗是伽利略发现的，人们称之为"伽利略卫星"。

航天探测器在观察时发现，一颗伽利略卫星——木卫一上的火山正在爆发。更令人惊讶的是，爆发的火山不是一座，而是8座之多。火山爆发喷出的烟云直冲天空，暗黑色的火山熔岩从火山口流向四面八方，覆盖在橙黄色的地面上，其景象之壮观让人难以忘怀。

还有一颗卫星——木卫二，它的表面全是厚厚的冰层，看上去闪闪发光。冰层的裂纹长达几千千米，宽有几千米，在照片上是一条黑色条纹。许许多多的条纹连起来，就像在这个大冰球外面套上了一个"网兜儿"。这也算宇宙里的一大奇观了。

在木星的背面，探测器"看"到了极光。地球的极光和它相比，可真是"小巫见大巫"了。木星作为"超级行星"，它的极光竟长达3万多千米。极光在浓云翻滚的空中翩翩起舞，散发着忽隐忽现的淡淡色彩，如果置身其中，真像进入了传说中的"神界天国"。

最奇怪的是木星的"发热"现象。

探测发现，木星的温度比预计的要高20多摄氏度。木星向外辐射的热量是它从太阳吸收的热量的1.67倍，也就是说，它本身内部有一个热量源。我国天文学家经过长期观测和研究还发现，行星的亮度几千年来一般呈减弱的趋势，只有木星例外，它的亮度在逐渐增强。

那么问题来了，如果木星不断地变热变亮，将来会不会变成第二个"太阳"？如果太阳系真的有了两个"太阳"，地球就会受到两面的"烘烤"，温度会升高多少度？那时，人类和其他生物能受得了吗？

其实，你不必为此担忧。

木星即使最终变成"太阳"，至少还得30亿年，那是非常非常遥远的事情了。何况这只是一种假设和推想，能不能变、怎么个变法都还是很大的问号呢！

用笔尖发现了遥远的行星

如果有人告诉你，关在屋子里，用一支笔和几张纸，像学生做数学题一样算啊算啊，就可以算出一颗别人从来没有发现过的行星的准确位置，你会相信吗？

历来人们发现新的星星，都是靠眼睛或望远镜来观察，海王星的发现靠的却是理论计算。在讲述这个故事之前，我们先来听听威廉·赫歇尔发现天王星的故事吧。

威廉·赫歇尔是德国人，在军队的乐队里拉小提琴，后来，他偷偷跑到了英国。据说他登上英国海岸的时候，口袋里只有一块钱的银币了。

那一年他才19岁，在英国的饭店和一些娱乐场所靠拉小提琴维持生活，业余时间就观测天文。他对揭示星星的秘密特别感兴趣。

研究天文学必需有一台性能优良的望远镜，可他没有钱买，怎么办呢？他决心自己动手制作。他的妹妹也是一位天文爱好者，听到哥哥移居英国的消息后也来到英国，帮赫歇尔磨制镜面。兄妹俩废寝忘食，不分昼夜地干着。

当时要制造一台好的望远镜，只能用金属来磨制主镜面。他们在家里架起了熔炉，经历了许多次失败，终于炼出了白青铜合金，然后开始磨制镜面。有一次，赫歇尔连续磨了16个小时，简直像个机器人一样不停地干着。

早该吃饭了，可他不肯停下来。他的妹妹只好用勺子把饭喂给他吃。

经过多年的努力，他们终于制成了一台口径为15厘米的反射式天文望远镜。赫歇尔高兴极了，一到晚上就不知疲倦地坐在望远镜前，"巡视"那些遥远的星星，寻找新的天体。

1781年的一个晚上，他在双子座发现一个奇怪的天体。它不像其他恒星那样是一个小小的光点，而是一个蓝绿色的小圆盘。他连续观察了几天，发现它在恒星的背景下缓缓移动。显然，它是一颗行星！

这颗星后来被命名为天王星。

天王星的发现轰动了全世界。在那以前，除地球外人们只知道五颗行星，就是水星、金星、火星、木星和土星。大家都认为，土星以外不会再有别的行星了。天王星的发现一下子把太阳系的疆域扩大了一倍。地球又找回了一个"失落"多年的"兄弟"，人们怎能不惊喜交加呢？

天文学家们纷纷把镜头对准了这颗新星。

令人迷惑不解的是，在根据万有引力定律预测它未来的位置时总是有些偏差。换句话说，它经常出现在不该出现的位置上。这是怎么回事呢？

1845年，英国剑桥大学的一位名叫亚当斯的学生揭开了这个谜。

他坐在屋里，用笔和纸开始了大量计算，经过两年艰苦的努力，终于算出了结果。他宣布说，在天王星的外面，还有一颗尚未被发现的大行星，正是它的引力，使天王星经常偏离自己的轨道。

> 他的研究结果没有引起学术界的重视。一位学生想用数学公式推导出一颗大行星来，哼，也太狂妄了吧！

英国格林威治天文台的台长收到他的信后，摇摇头，把信扔到抽屉里去了。

不久，天文学家勒维耶也算出了这样的结果，并把那颗大行星的位置告诉了柏林天文台的加勒先生。加勒立刻

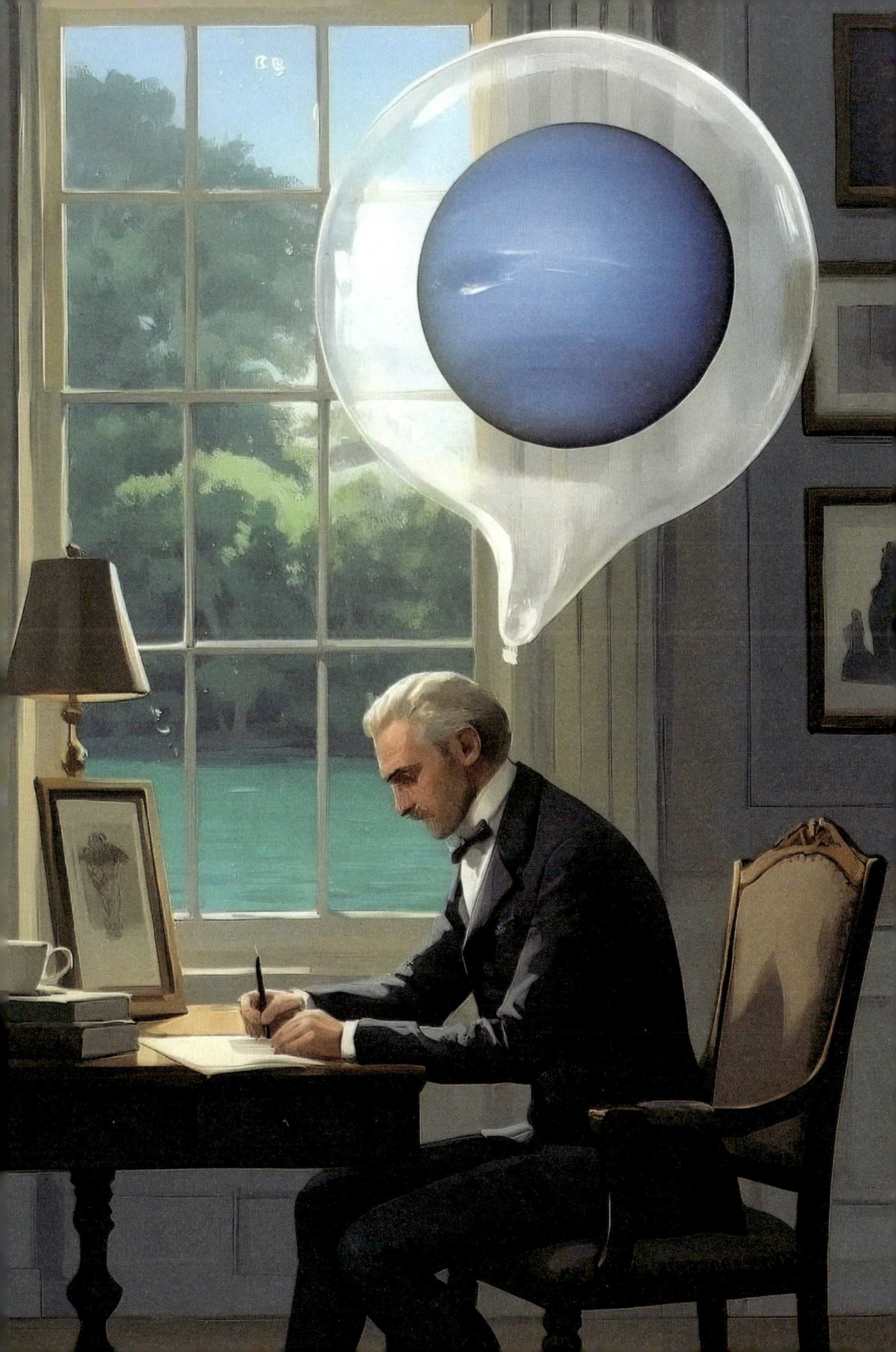

调整望远镜进行观测，果然发现了它！

人们把这颗星叫作海王星。

故事到这里并没有结束。经过对海王星的长期观测，科学家发现它的运动轨道也和天王星有同样的"毛病"，莫非在它的外面还有一颗未被发现的大行星？

于是，天文学家又开始了大量的计算和艰难地寻找，但直到现在也还没有结果。

天文学家还在努力寻找着，说不定将来你也会加入寻找这颗星的行列，去摘取这项研究的桂冠！可别忘了，数学是揭示宇宙秘密的重要工具，没有它的帮助，你会寸步难行。

不速之客

1994年的7月16日到22日，太阳系里发生了一件令全世界震惊的大事，从太空深处飞来的一颗彗星以极高的速度向木星撞去，引发了一场惊天动地的大爆炸。这次爆炸对地球来说，似乎没有什么影响，但很多人对此还是心有余悸、忧心忡忡。彗星，今天撞到木星上，明天或者后天，会不会撞上地球呢？如果撞到了地球，会使地球毁灭吗？

彗星经常拖着一条长尾巴令人惊讶地出现在天空。

有人称它为"扫帚星"，把它的出现视为不祥之兆。难道它和地球上的灾难真有某种联系吗？

天空中还有一种不速之客——流星。郭沫若先生在《天上的街市》一诗中说，那流星是天上的赶街人提着的灯笼。这比喻是很美的。可是，这比喻并不恰当，因为这亮光跑得也太快了，哪位赶街人会如此不要命地奔跑呢？再说了，灯笼的光一时半会是灭不了的，可流星呢，一眨眼的工夫就消逝了。

下面是关于彗星和流星的真实故事。

生病的皇帝和带"毛发"的星星

公元 79 年，古罗马皇帝韦斯巴芗得了一场重病。

皇帝生病可不得了。大臣们昼夜在床前伺候，请了全国最有名的医生来诊治，可皇帝的病情不但不见好转，反而越来越重。开始时皇帝每天还能吃点东西，和大臣们说几句话，到后来竟汤水不进，躺在床上奄奄一息了。

就在这时，天空中出现了一颗彗星。

这颗彗星，前面的"头"看上去有半个月亮那么亮，后面的长尾巴扫过很大一片天空，像一把大扫帚，也像女人披散开的长头发。

彗星在这时出现，大家都认为不是好兆头。

反正皇帝已经睁不开眼，也听不到什么了，大臣们便悄悄议论起来。

"我看陛下的病好不了了,这颗彗星是上帝的警告。"
"我看也是。这几夜彗星的光芒真吓人啊!"

皇帝人还清醒,听见这些议论睁开了眼睛,生气地说:"不要说三道四了,上帝警告的才不是我呢!天上出现

的是一颗带'毛发'的星星，警告的是头上有毛发的人，应该是安息国的皇帝。我是个光头，你们难道不明白？"

大家一听，都不敢吭声了。

可是过了不久，皇帝就死了。人们相信，上帝警告的还是他。

彗星的出现究竟是怎么一回事呢？

彗星和前面讲的行星一样，都是太阳系家族的成员，但它和行星又有些区别。区别之一是运动轨道不同。行星的运动轨道是椭圆形的，彗星的运动轨道就复杂了：有椭圆形的，有抛物线形的，有双曲线形的，后两种轨道是"开口"的曲线。也就是说，有的彗星只绕着太阳转一次，然后就逃之夭夭再也不回来了。

彗星的出现并不是什么稀罕事。天文学家观测发现，每年都要有一二十颗彗星在天空中显现，有的年份会出现30多颗，只不过多数彗星因发光较弱不易被人的肉眼发现罢了。可见，它和人类的灾难不可能有什么联系。

彗星为什么有长长的尾巴呢？

彗星在远离太阳时是没有尾巴的，它是一个由大量的冰、尘埃和石块组成的固体圆球，我们不妨叫它"肮脏的雪球"。彗星的体积都不大，和行星相比小得可怜，其彗核的直径一般只有几千米，有的只有几百米，最大的不过

100千米。

当彗星接近太阳时，太阳辐射把"肮脏的雪球"加热，使里面的冰物质升华成气体。这些物质在太阳风的吹拂和辐射压力的双重作用下，便向后运动，形成了彗星的尾巴。彗星的尾巴总是背向太阳，太阳在东，彗尾指向西；太阳在西，彗尾指向东。当彗星离太阳3亿多千米时，就会被太阳风吹出一条尾巴来。彗星越靠近太阳，太阳风越强，它的尾巴也就越长。最长的彗尾达3亿多千米，它可以扫过大半个天空；短的呢，甚至用望远镜也找不到它的尾巴。

> 这些"肮脏的雪球"在接近太阳时，会受到"太阳风"的吹拂。

彗尾的长度和形状不定，其长度和形状与彗星被太阳辐射"蒸发"出的物质种类、数量多少有关。在湖南长沙马王堆的一座汉墓里，曾经挖出一幅彗星图，共画了29种彗星，形状和名字都古里古怪，反映了古人对彗星的观察和想象。

在众多的彗星中，最有名的要算哈雷彗星了。

哈雷是17世纪英国著名的天文学家，他根据牛顿力学定律计算了一颗彗星的轨道，发现它和76年前的另一颗彗星的轨道相似。

他又继续翻阅历史资料，发现还有几颗彗星的轨道和这颗彗星相似。令人奇怪的是，这些彗星出现的时间间隔都是76年。

他断定，这些彗星实际上是同一颗彗星。它的运动轨道是一个椭圆形，每隔76年来到太阳"身边"一次，因此它是一个周期性回归的彗星。他通过计算，预测这颗彗星下一次回归的时间是1758年12月。

当时，人们认为彗星是行动诡秘的不速之客，它何时出现、出现在哪里没有人可以预料。哈雷的预言引起一场轰动和争论，多数人根本就不相信哈雷的推测。

哈雷坚信自己的判断是正确的，他盼着1758年早日到来，用事实说服大家。

这一年终于来了。那颗彗星真的又出现了，时间和哈雷的预测只差几天。人们到处找寻哈雷，要向他表示祝贺。遗憾的是，他早在16年前就离开人世了。为了纪念他，这颗彗星被命名为哈雷彗星。

哈雷彗星最近一次回归是1985年至1986年，全世界的天文学家和天文爱好者掀起了一股观测哈雷彗星的热潮，国际上成立了专门的组织协调观测行动，多个国家还发射了宇宙探测器。这次"哈雷热"取得了丰硕成果。

灿烂的"烟火"

晴天的夜晚,你只要对着天上的星星看上一段时间,总可以发现流星的闪光,有的一闪就消失了,有的能划过半个天空。

流星常呈白色、浅绿色或黄色等,它们的出现给庄严的天空增添了一抹生动活泼的色彩。

广西民间称流星为"偷牛星",还有的地方叫它"贼星"。

当夜深人静的时候,是小偷之类活动的"黄金时间"。人们一看到流星就会联想到窃贼,有人甚至会大叫一声:"贼星出来了,大家要小心啊!"

古人还有种说法,天上有多少星星,地上就有多少人;一个人死了,就有一颗星星落下来。流星就是落下的星星。

这种说法当然不对。宇宙中星星的数量极其庞大,而地球上的人数是有限的，目前发现的星星数量已经远远超过地球上的人数了。要说星星落下来，更是胡说了。星星都是庞大的天体，任何一个"落下"来都将是地球的大灾难，哪会像流星那样轻巧？

流星是什么呢？

太阳系里除了行星、彗星等较大的天体，还有许许多多的小尘埃和小砂粒，它们一般都很小，尺度从几微米到几毫米不等，尺度达到几厘米的就算大的了。

这些"小东西"闯入地球大气层后，由于速度极快，和空气发生剧烈摩擦并产生高温，就会燃烧发光，这就是流星。"小东西"的质量不同，发光的时间也不同；质量越大的发光时间越长，在空中划过的亮线也就也就越长。

有一些"小东西"直径可达到几十厘米以上，它们在空中不仅能燃烧，还能发生爆裂，发出巨大的声响，变成一个大火球；质量再大的，燃烧不完，就坠落到地面上，成为陨石。

这就是"火流星"。

历史上关于火流星的记载有很多，下面举几个例子。

1528年10月26日，中国安徽。

有一个人半夜醒来，看到窗外有明亮的光，感到奇怪，就披衣出外观看。他看到一个火球像装有30斗米的缸那么大，从天空中央向天边溜去。火球发出的红光照得大地像白天一样，火球的后面散落着一粒粒光珠子，就像纱巾上闪光的亮珠。

> 火球流动的形状像一条长龙，摇摇摆摆，有时弯曲，有时笔直。

不多久，他又听到一阵"嘎嘎嘎"的响声，好像有人在天上敲鼓，而且声音越来越大，震耳欲聋，吓得他急忙蹲到地上。

过了一会儿，等他再站起来看时，那火球已坠落到远处的地上。

一片红光从天上一直连到地上，周围的树木、小山、石头和土块都被照得清清楚楚，过了好久才渐渐暗淡下去。

1977年1月20日，日本东京。

这天早上，天还蒙蒙亮，有人看到一个发着蓝白光的"怪物"，像人头那么大、水银灯那么亮，从南向北飞去。

这人一叫，大家都跑了出来。

"飞碟，飞碟！"人们大叫着，跟着那"怪物"奔跑。

警察局得知消息后怕发生意外，立即出动警察维持秩序，并向市民发出"非常警告"，让大家冷静。防卫厅开动雷达跟踪这个"怪物",但未发现异常信号。

但"怪物"很快就不见了。

1小时后,有人报告说,"怪物"落在皇宫的铜像附近;还有人说,"怪物"落在一片树林里。但是,警察们找了半天,却一无所获。

最后,为了弄清真相,警方请来许多科学家举行了一次论证会,结论是"怪物"并不怪,那不过是一颗火流星。

关于流星最壮观的景象要算流星雨了。

1533年10月末的一个晚上。

江苏镇江地区的几个农民正在院子里一边抽烟一边聊天,忽然有人喊起来:

"看哪,天上着火了!"

大家忙抬头仰望,只见从狮子座的位置上喷射出成千上万颗流星。它们闪着淡红色的光芒,像下雨一样纷纷落下来。

流星数目之多让人眼花缭乱、目不暇接,有人估计至少有几十万颗。

孩子们看见这天上的"焰火",高兴得拍手叫好;大人们却有些害怕,不知道这是吉是凶。

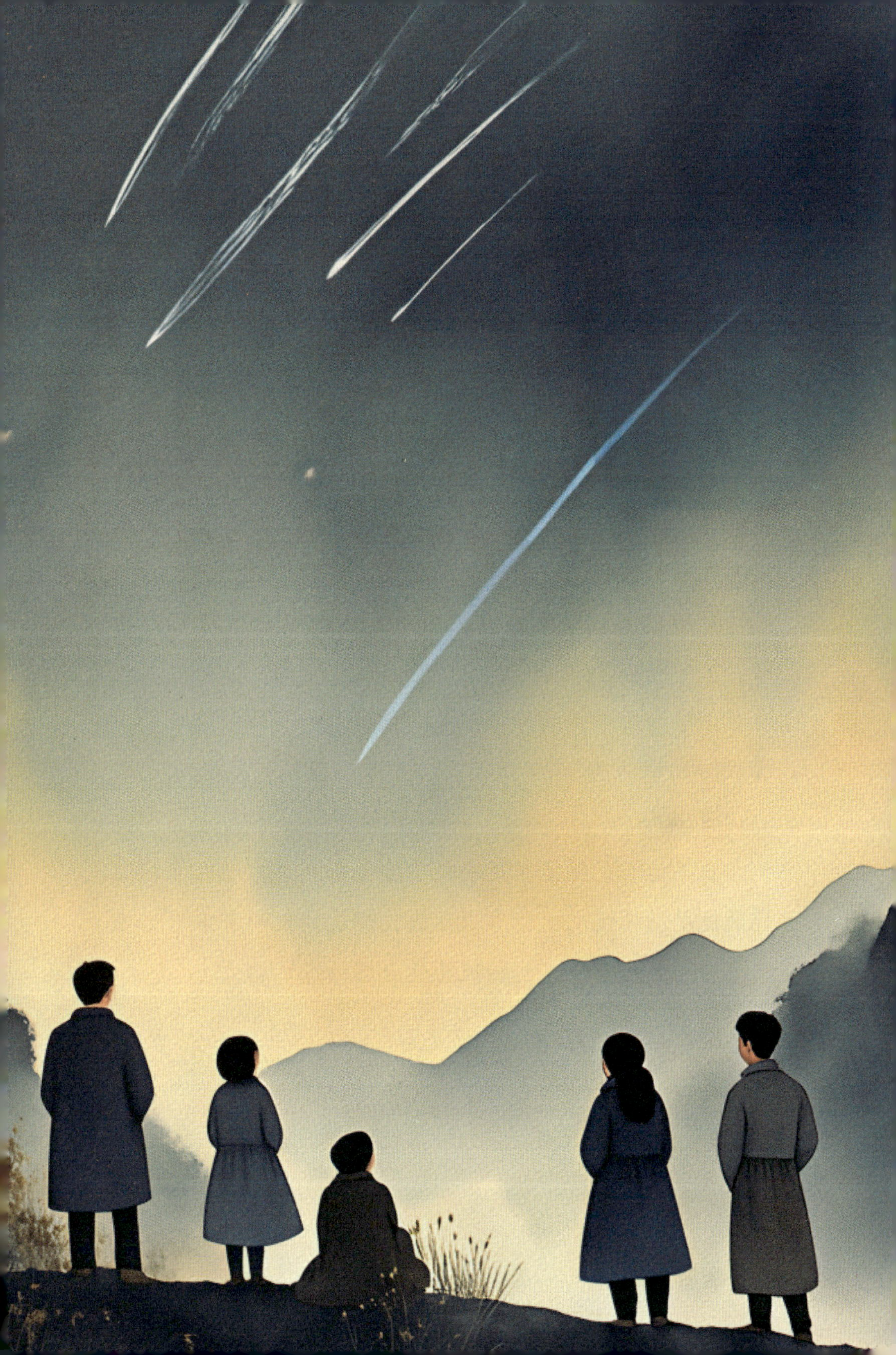

第二天,在镇江渡口聚集了不少人,可船主就是不开船。他说,老天爷今天发火了,他亲眼看到的,从天上扔下一块石头来,把江里的一条船砸沉了。

流星雨的起因和流星有些不同。

流星雨和彗星直接有关。前面说过,彗星不是结合的很紧密的"硬星体",而是"肮脏的雪球"。它在运行中不断分裂瓦解,变成许许多多很小的碎渣,散落在它的轨道上。当地球穿过这些轨道时,这些成群结队的碎渣一齐涌进大气层,就形成了壮观的流星雨。

对历史上几个著名的流星群,我们都能找到对应的彗星。

狮子座流星雨的母彗星是"坦普尔·塔特尔"彗星,其回归周期约为33年,因此狮子座流星雨的高峰期也是33年出现一次。

如果你喜爱观察星星,说不定也会领略到一次繁花似锦的流星雨的风采。你可以认为,那是伟大的宇宙为了感谢你对它的一往情深,特地为你点燃的灿烂烟火。

茫茫银河

现在，我们的目光要离开太阳系转向其他的恒星系统了。

在我们瞭望天空时，常常被美丽的银河所吸引。那是一条曲折蜿蜒的白茫茫的光带。前面讲过牛郎与织女的故事，一对恩爱的夫妻最后变成两颗星星，就位于银河的两边。

实际上，茫茫银河里并没有滔滔流水。

银河实际上是一个庞大的星系，由密密麻麻的恒星构成。因为它们离我们太远了，眼睛分不清这一个和那一个，看上去就是白茫茫一片了。

科学家经过长期的观察研究发现了一个有趣的现象。

太阳不是静止的。它率领着太阳家族的全体成员一刻不停地向着织女星飞奔，飞奔的速度是 19.5 千米/秒。这个速度可比地球上最快的火箭还要快呢！

这是怎么一回事？如果牛郎星向织女星飞奔，我们还可以理解，它们原本是美满的"一对"，难道太阳也"爱"上美丽的"织女"了，或者太阳并非为了"织女"而去只是想到银河去观光一番？

太阳和银河的关系确非一般。至于怎么个不一般，请你接着往下看吧！

从张衡数星星的故事说起

东汉时期，河南的南阳郡有一位生活比较贫苦的青年，名叫张衡。

他的父亲很早就去世了，再加上连年的灾荒，他只好离开家乡到处流浪。张衡是个求知欲很强的人，他不愿在流浪中度过一生，就想找一个地方学习知识来充实自己。

他来到京都洛阳，想进入"太学府"。这"太学府"相当于今天的清华大学或是北京大学吧！

"有南阳太守的选送书吗？"把门的人打量了他一下，见他回答不出来便挥挥手说，"快走吧，这不是你待的地方。"

张衡没有灰心，他进不去"太学府"，就挨个拜访"太学府"的老师，虚心向他们请教。他的精神感动了老师们，老师们都愿意教他，最终使他成为一位博学多闻之才。

张衡的贡献之一是提出新的宇宙结构理论——浑天说。

他的看法是：宇宙像一个大鸡蛋，天像鸡蛋壳，地像鸡蛋黄，天地各乘气而立；也就是说，天也好，地也好，都飘浮在气体上面。

张衡的浑天说在今天看来过于简单，但在科学技术落后的古代，能提出这样新奇的看法是很大胆的。而且，这个理论说地球是圆形的，天大地小，天地都在气体的包围之中，还是基本符合实际的。

为了弄清宇宙的结构，张衡对星星的观察特别认真。

> 在他的著作中，记载了有名字的星座320个。他在京都洛阳数了天上的星星，记录的星星数量为2500颗左右。

张衡想通过对星星的观察搞明白宇宙的真面目，但受限于当时的科技水平，他未能如愿。

过了1700年，天文望远镜的诞生才使认识宇宙真面目成为可能。

完成这个任务的是德国天文学家威廉·赫歇尔。前面我们已经提到过他，他用自己辛勤磨制的望远镜发现了天王星。

赫歇尔在天文学界被称为"恒星天文学之父"。他的

> 为了弄清宇宙的结构，赫歇尔把天空分成683个区域，用望远镜一颗一颗地数着恒星。

一生花费大量的时间来观测、统计天上的恒星。因为他有望远镜，所以他比张衡看得更为清楚和准确。

从1784年起，他共进行了1083次观测。他统计的恒星有117600颗。根据星星的分布，他描绘了宇宙的图像。

他把以银河为中心的全部恒星叫作银河系，并画出一张银河系的结构图。根据这张图可以看出，银河系很像是一块扁平的透镜，又像是一个大盘子。银河系里一共有上千亿颗恒星，还有大量的气体和尘埃。

银河系的直径约为10万~18万光年。从这一端发出的光要经过十几万年才能传到另一端，你想它的范围有多大呀！太阳在太阳系里是很宏大的了，但在银河系里地位就显得很低微了。它只不过是上千亿颗恒星中很普通的一员，并且它不在银河系的中心，而在离中心3万光年的银河系的边缘上。

银河系中的恒星都处于运动状态。它们围绕着银河系中心不停地运转着，而且越是靠近银河系边缘的地方，恒星运转得越快。太阳绕银河系中心的运动速度约

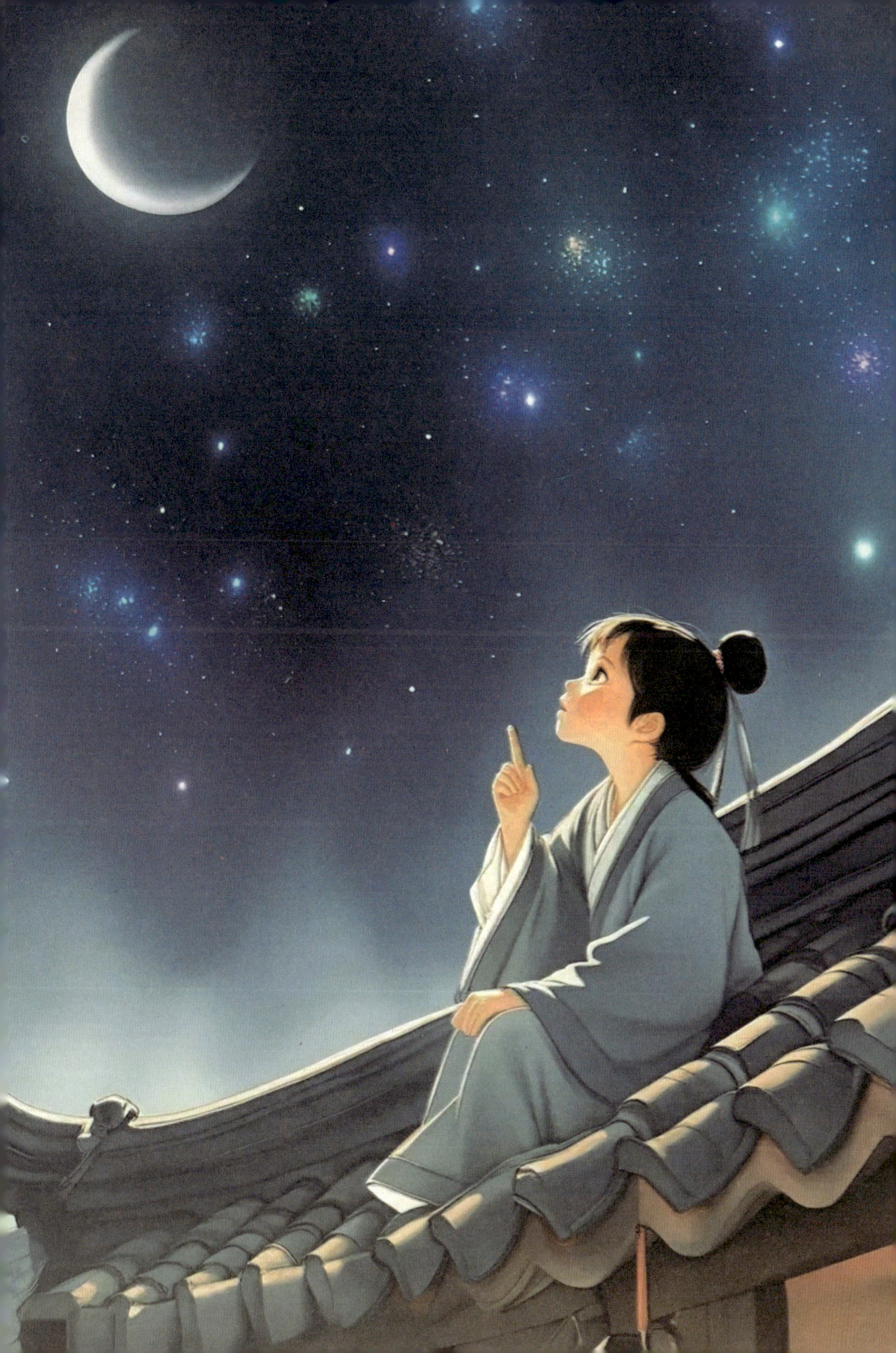

为 220 千米/秒。就是这样高的速度，围绕银河系中心转一圈也得 2.5 亿年，这一周期被称为"银河年"。由此可见，银河系是个多么巨大的星系啊！

宇宙里除了银河系，还有别的星系吗？

要回答这个问题，就得谈谈星云了。

17 世纪天文望远镜发明之后，人们在观察天空时发现，除了一颗一颗的星星，还有一种模模糊糊像云彩一样的东西。它们形状各式各样：有椭圆形的，有旋涡形的；有的像一只螃蟹，有的像一只猫头鹰……

这是些什么东西呢？

在没有弄清它们的真面目之前，统称它们为星云吧！

星云到底是什么？对此，人们议论纷纷，有的说是发光的气体，有的说是巨大的恒星集团，还有人说是恒星爆炸后的残骸，是宇宙的尘埃……

进入 20 世纪之后，望远镜的口径更大了。例如，1917 年，在美国威尔逊山上建成了当时世界上口径最大（2.5 米口径）的望远镜胡克望远镜。后来，美国天文学家哈勃用它对星云做了详细的考察。

原来星云有两种。

一种是气体和尘埃的集合体，像猎户座的大星云就是这种集合体。

它离我们的距离是1500光年，用眼睛可以看到。根据这个距离来判断，它是银河系中的一个成员。它虽是一片"云"，可不要小看它呀，它的体积也相当大，直径约为25光年。它是一个巨大的宇宙云，若把地球放在这个星云里，就像在大水库里扔进一块小石子，地球渺小得简直不值一提了。

前面说过，恒星起源于星云，这些气体和尘埃在一定的条件下会向恒星转变。

还有一种星云是和银河系差不多的星系，是恒星的集合体。例如，仙女座大星云就是一个代表。

哈勃在观察这个星云时发现，它距离我们约250万光年，直径超过银河系。银河系的直径不过10万光年，显然，它不是银河系的成员。

仙女座大星云是一个比银河系还要大的包含着上千亿颗恒星的星系。

如果把银河系看成宇宙"大海"里的一个"岛屿"，那么仙女座大星云就是隔"海"相望的另一个"岛屿"。

宇宙是由广袤无垠的"宇宙海"和一些孤立的"宇宙岛"构成的。

这样的"岛屿"有多少呢？

目前观测到的有10亿个以上。

这一个数字，足以体现宇宙之大了。

恒星的"诞生"和"死亡"

恒星的寿命因质量而异，像太阳这样的中等质量恒星，其寿命约为 100 亿年。

人类的文明史到现在也只不过几千年，和恒星的兴衰演变相比，简直像火花一闪那么短暂。

所以，人类想要完全了解恒星的一生，似乎是不可能的。

但是，聪明的人类还是想出了解决问题的办法。

宇宙非常大，在数以千亿计的恒星中，它们的"年龄"各不相同：有的是刚诞生的"婴儿"，有的正处于"童年"或"少年"时期，有的则已是"青年"或"中年"了，还有的已迈入了"老年"行列。

我们只要把不同"年龄段"的恒星仔细研究一番，就能拼凑出恒星一生的历史。

让我们先从恒星的诞生说起。

天文学家发现有的星云，如云雾状的猎户座大星云中，孕育着许多年轻的恒星，其中一些已经演化成质量很大、温度很高的蓝色恒星。

刚诞生的恒星总是集结在一起。

在冬至前后的夜晚，如果你不怕寒风凛冽，可以看到金牛座的一个恒星集团——毕星团。

那群星星，用肉眼可看到10来颗，用望远镜可看到100多颗。它们挤在一个很小的天区里。在银河系里可以找到许许多多这样的星团，有的球状星团里甚至有几千万颗恒星挤在一起，简直分不出这一颗和那一颗了。

> 它们应该都是年幼的恒星，那包裹着它们的星云是它们的"母亲"。

一个星团里的恒星应是出自"一个娘胎的兄弟姐妹"。

从星云中诞生的恒星集团几百万年（这对天体演变来说是很短的时间）后就开始膨胀瓦解了。恒星之间的距离渐渐拉大，它们零零落落地聚在一起，形成所谓的"疏散星团"。

不久以后，恒星就离开它们的"团体"，索性到宇宙空间去做"自由的流浪汉"了。

对于一个恒星来说,"诞生"和"童年"的时间相对比较短,而"青年"和"壮年"的时间相对比较长。这个阶段的恒星叫作主星序恒星。

恒星在这个阶段像目前的太阳一样,靠将氢核聚变为氦核的反应释放大量的能量,维持平稳的状态,过着太太平平的"稳定生活"。

这个时期可以维持几十亿年或更久。

当恒星的"燃料"烧尽之后,它就开始膨胀,温度降低,演化成体积庞大的红巨星。举个例子,太阳如果变成红巨星的话,它的体积可以大到把一些行星如水星、金星和地球都囊括进去,那时地球上的人可就危险至极了。当然,那是几十亿年后的事情,完全没有必要多虑。

恒星的质量不同,决定了它们的命运也不同。

大质量的恒星演化成红巨星后,还要经过一次大爆炸,成为新星或超新星,然后才会"无可奈何"地"死去"。

这种恒星抛出一个气体外壳形成星云,留下一颗密度很大的中子星作为自己的"残骸"。

质量小的恒星,它们的寿命比较长。例如,质量只有

恒星的"诞生"和"死亡"　109

太阳 1/10 的恒星的主星序阶段可达 1 万亿年，比太阳的寿命要长 100 倍；其"衰老"也比较平静，它的燃料烧完后，既不膨胀为红巨星，也不发生惊天动地的大爆炸，只是"悄悄"退化为白矮星，就此了结一生。

白矮星是什么呢？顾名思义，是又白又矮的星。白，是发白色的光；矮，是说它体积很小。一个太阳那么大的恒星压缩成白矮星，个头只有地球那么大。白矮星也是很致密的星体，每立方厘米的质量可达数吨。

白矮星是恒星的"残骸"，它虽然发光，但很微弱；它将继续冷却下去，最后彻底熄灭，变成"黑矮星"。

质量较大的恒星在经过超新星爆炸后，如果它的剩余质量超过约 3 倍太阳质量，它的结局又不一样了。它将形成一种特殊的天体——黑洞。

黑洞是什么呢？

当大质量的恒星缩小到很小很小时，其密度会变得极高,引力强大到连光都无法逃脱。这样,它会对周围的东西产生强大的吸引力,连它自己发出的光线都无法跑出去。人们无法看见它,就叫它黑洞。

如果你喜欢看科幻小说的话,会经常看到小说中描写黑洞。

科幻作品中,宇宙飞船在航行中最惊险的经历就是在遇到黑洞时死里逃生。因为黑洞不发光,难以发现,一旦进入它强大的引力范围,宇宙飞船就会像小船进入尼亚加拉大瀑布里一样,任你如何努力都无济于事。

实际上,天文学家到现在还没有确切发现一个黑洞。既然它不发光,我们如何能察觉到它的存在呢?

研究表明,当黑洞吸入邻近的物质时,由于物质运动的能量极高,会发射出 X 射线。

科学家在天鹅座发现了一个强 X 射线的射线源,认为它可能就是一个黑洞。它可能是大质量恒星坍缩后的"残骸"。

关于黑洞的性质和存在形式,目前还有不少争论,甚至有人怀疑它是不是真正存在。对黑洞的深入研究将使我们对宇宙有更深入的了解,这可是一个很有趣的课题啊!

宇宙大爆炸的故事

基督教的经典著作《圣经·创世纪》里讲了一个上帝创造世界的故事。

据说，上帝创造世界用了六天时间，第七天就休息了。

第一天造的是光。"当时，地是空虚混沌的，一片黑暗。上帝的灵魂运行在水面上，他说'要有光'，于是就有了光。"

之后上帝又造了江河湖海、树木花草、飞禽走兽等。第四天上帝造了日月星辰。"天上要有发光体，要有光普照在地上，事情就这样办成了。上帝先造了两个大光，一个管白天，一个管黑夜；又造了众多的星星，把它们摆在天上。上帝看了看，说'好！'"

两个大光指的是太阳和月亮。

上帝在最后一天创造了人。他用泥土捏出了一个人的样子，然后对着他吹了口气，那人就活了。

按照宗教的说法，宇宙是万能的上帝创造的。创造的方法很简单，说一句话或者吹一口气就行了。

当然，这些都是没有科学依据的神话。

那么，从科学的角度看，宇宙是如何诞生的，又是如何发展和演化的呢？

目前人们天文观测的范围已经扩展到930亿光年的广阔空间。我们所说的宇宙也就是指的这一部分，再远的空间里有些什么东西我们暂时还不知道。可观测宇宙包含的所有星系统称为总星系。

美国天文学家哈勃通过对总星系的研究，包括用仪器测量各种星系的光谱，发现了一个很奇怪的现象：所有的星系都在离开我们，都在向远处飞奔，似乎受到了银河系的"惊吓"，要赶快逃走！

这是怎么回事？

哈勃还发现，离我们越远的星系，逃离的速度越快。最遥远的一些星系，逃离的速度高达十几万千米/秒。这速度实在是太惊人了。

这真是一个伟大的发现。这说明我们的宇宙在不断地扩张。

根据这一点，有人提出了关于宇宙诞生的大爆炸学说。

这个学说的大意是这样的。宇宙中的一切物质最初都聚集在一个"核"里，这个"核"的温度超过 100 亿摄氏度，它的密度和原子核的密度差不多。大概在 150 亿年以前，这个"核"突然发生了一次爆炸，于是宇宙就诞生了。

爆炸之后，"核"里的物质一边向外飞跑，一边降低温度，宇宙开始膨胀。

"核"里的物质原来都是质子、中子、电子、光子、中微子等基本粒子，当温度降到大约 10 亿摄氏度时，这些基本粒子就会结合成一些较轻的原子核，如氢原子核、氦原子核等。

宇宙继续向外膨胀。

当温度降到几千摄氏度时出现气体，宇宙逐渐成为以气体为主的系统了。随后，气体凝聚为原始星云。

再发展下去，星云便如前面我们讲过的那样，凝聚成各种各样的天体系统，包括各种恒星、行星，以及其他星体，构成了现在的宇宙。

目前，宇宙还在不断膨胀。

说到这里，你会问了：宇宙难道会一直这样膨胀下去吗？

根据"大爆炸理论"，宇宙膨胀到一定的限度，由于引力的作用会改为收缩；也就是说，目前正向外飞奔的星系到那时候就要掉过头来，向着相反的方向飞奔，宇宙由膨胀变成聚集。

根据这个学说，宇宙就是这样，膨胀了又收缩，收缩了又膨胀，如此反复下去，永无了结之日。

这个学说对不对呢？

不少天文学家认为是对的，但也有不少人反对这一学说。

反对者提出几种看法。

一种是如果宇宙就是这样膨胀了又收缩、收缩了又膨胀，似乎太单调、太简单了吧！宇宙应该是变化无穷的。再者，根据万有引力定律计算的结果，宇宙存在的物质总量太少，不能在一定的时候停止膨胀。

于是，有人提出了另外一种学说，即"稳态宇宙说"。

"稳态宇宙说"认为，宇宙没有什么开始之日，也没有什么终结之时。宇宙从前是这个样子，现在是这个样子，将来还会是这个样子。

当然，星云、恒星等各种天体也在不停地诞生、发展和死亡。

各种星系和星系团会发生丰富多彩的变化，但是宇宙整体的面貌是不会变化的，永远不会有什么"大爆炸"。

这个学说对不对呢？

宇宙大爆炸的故事　115

也是有人同意有人反对。

总之，宇宙起源是一个比恒星起源更复杂、更深奥的问题，对于目前的人类来说，这个问题也许太难了。当我们观察宇宙的时候，经常会发现一些奇特的难以解释的现象，当我们试图用现有的知识和理论去描绘这些现象时，就显得非常幼稚了。

要知道，人类的文明史不过几千年。

在这样短的时间里，人类揭示的秘密确实不少了，我们应该为此而感到自豪。但在异常宏大的宇宙面前，人类显得很渺小，人类的知识也有些过于单薄。自然界比人的想象要复杂得多。

然而，人的求知欲是无止境的，并且越是奥妙无穷的难题，越能激发人的探求精神。如果多年后我们再来讨论这个问题，说不定又会有崭新的理论问世，涌现出更多更有趣的见解。

三棱镜引起的故事

三棱镜的故事要从英国物理学家牛顿说起。

那是1666年,牛顿才23岁。有一天,他把自己关在一间小黑屋里,用黑纸把窗户封起来,只留下一个小孔,让一束太阳光射进来。

这束太阳光投射在对面的墙上,呈现出一个白色的斑点。

当牛顿把一个玻璃制的三棱镜放在光束的中间时,奇怪的现象发生了,那白色的光斑立刻展开,变成一条彩色的光带,光带的颜色依次是红、橙、黄、绿、青、蓝、紫。

这说明了什么呢?

牛顿将第二个三棱镜倒置在光束中,使分散的彩色光重新汇聚。彩色的光带立即消失了,墙上的像又恢复为一个白色的斑点。

奇趣天空

牛顿通过这些现象得到一个结论：太阳光看上去是白光，实际上是由许多颜色的光组成的，三棱镜起了一个"分光"的作用。

约150年后，一个名叫夫琅和费的德国人改进了牛顿的装置。

他在三棱镜的前面放上了一条狭缝，在三棱镜的后面放上了一块透镜，用这样的装置再去看太阳光时，发现除了彩色光带，还有许多强弱不一的暗线。

夫琅和费仔细数了数这些暗线，共有574条之多！

这些暗线是什么呢？我们是不可能到太阳上去取样进行化学分析的。如果能通过太阳光来了解太阳的情况，那该有多好啊！这些暗线与太阳上的化学元素会不会有关联？

夫琅和费感到很兴奋，他继续对光谱进行研究。他用上述仪器观测了灯头的火焰，发现在彩色光带上有一些亮条，其中有两条黄线竟和太阳光谱中的两条暗线完全吻合。

情况很快就清楚了。

原来任何一种元素都有自己的特征光谱线。例如，钠元素在火焰的高温下可以发射出两条黄色的谱线。通过对太阳光谱的分析可知，太阳大气中就含有钠元素！

太阳光谱，用今天的学术用语解释，是在连续光谱背景上的太阳吸收线，通过这些暗线就可以判断太阳大气中含有哪些元素。

这是一个重大的发现。

通过光谱线可以认定发光的是什么样的原子或分子，这就像破案的警官通过指纹可以找到作案的罪犯一样。

这种对光本质的探索精神，延续到了现代宇宙学研究领域。

从此，天文学家有了一种非常可靠的研究天体的手段。天上的星星大多数是发光的，人们通过对光谱的细致分析，不仅可以判断星体的组成元素，还能推知天体的温度、压力、磁场、电场，以及物质的相互作用等重要的信息。

光谱的发现对天文学的研究是一个里程碑。从此，天文学不再局限于研究天体的大小、远近和表面景观，而开始向认识天体的物理性质、整体结构和演化规律的方向开拓了。

这方面的例子太多了。下面我们只讲一个关于类星体的故事，大家可以从中了解光谱分析的作用。

类星体是一种极为明亮且遥远的天体，它们最早是由射电望远镜发现的，后来天文学家通过光学望远镜看到了它们，不过有些模糊。为了弄清它们的本质，天文学家对它们的光谱进行了认真的分析。

这一分析不要紧，天文学家发现它们的光谱完全是陌生的。

这就怪了，难道类星体的元素和地球上的元素完全是两码事吗？面对这些陌生的谱线，天文学家不知如何是好。

过了很长时间，荷兰天文学家马丁·施密特偶然发现，其中有四条谱线的排列有一定的规律。他把氢元素的谱线找来对比了一下，发现它们很相似，只是其位置普遍向光谱的红端移动了一定的距离。他立刻找来其他元素的光谱进行对比，结果也一样。

所谓陌生的谱线其实并不陌生，只是它们都向红端移动了一下而已。

原来如此！

那么，为什么类星体的光谱要发生"红移"呢？

有一个理论可以解释这种"红移"现象。根据物理学的多普勒效应，当一个发光体离开观测者的时候，它的光谱要发生"红移"；也就是说，类星体可能在离我们而去。从光谱线移动的距离可以算出它"离行"的速度。

这一算又让人大吃一惊，有一个类星体的"离行"速度竟达到光速的94%，约为28.2万千米/秒。再算一下它离我们的距离，是160亿光年。这颗星体如此遥远，可以说到了宇宙的"边缘"，竟然以接近极限速度——光速向外飞奔。你想，这是多么令人惊讶的事情啊！

于是，人们提出各种各样的理论。

其中之一，就是前面说过的"宇宙大爆炸学说"。

根据这个理论，宇宙正在膨胀，就像一只正在膨胀的大气球，星系如同气球表面的斑点，当气球膨胀时，任意两个斑点间的距离都在增大，且距离越远的斑点，分离速度越快。

当然，这个理论的正确性还有待进一步验证。

类星体凭借其奇特的性质持续挑战着现代天文学理论，甚至向现代物理学也提出了挑战。科学家们在这个难题面前的态度是坚定的，全世界的天文台，各个波段的巨型"千里眼"，都在密切注视着这类天体。目前这是一个"热门"课题。

目的只有一个，彻底揭示它的秘密。

相信这个目的一定能达到。到那时，人类对宇宙的认识将产生一个很大的飞跃。